钢结构住宅施工

图 1　钢结构住宅独立基础施工现场

图 2　钢结构住宅混凝土外墙 条形基础施工现场

图 3　施工现场安装框架

图 4　框架节点（采用 T 形构件连接）

图 5　框架节点

图 6　圆钢管混凝土框架节点

图7 钢管混凝土柱与栓钉

图8 北京亦庄"青年公寓"框架结构施工现场

图9 现浇"核心筒"施工现场

图 10 北京亦庄"青年公寓""核心筒"浇注后的施工现场

图 11 "核心筒"与钢框架的连接情况

图 12 "核心筒"与钢框架的
连接构造

图 13　北京亦庄"青年公寓"现浇楼梯钢骨架

图 14　压型钢板作楼板模板

图 15　安装楼板栓钉

图16　在压型钢板上布线

图17　钢材覆盖防火涂料

图18　混凝土砌块做钢结构住宅
　　　外墙的现场砌筑

图 19　混凝土砌块清水墙

图 20　预制外墙板的制作（包括外饰面制做）

图 21　安装好的预制外墙板钢结构住宅整体效果

图 22　天津市丽苑小区（钢管混凝土结构）

图 23　北京基础总队住宅
（建设部试点工程，钢框架核心筒结构）

图 24　钢管混凝土高层建筑的施工现场

图 25　钢管混凝土高层建筑

低层轻钢龙骨结构住宅建筑实例

图 26

图 27

图 28

图 29

图 30

图 31

图 32

图 33

图 34

图 35

图 36

图 37

图 38

图 39

图 40

图 41

图 42

图 43

图 44

图 45

图 46

图 47

图 48

图 49

图 50

图 51

图 52

图 53

图 54

图 55

图 56

图 57

图 58

图 59

图 60

图 61

图 62

图 63

图 64

图 65

图 66

图 67

图 68

图 69

图 70

图 71

图 72

钢结构住宅设计与施工技术

建设部科技发展促进中心编

中国建筑工业出版社

图书在版编目（CIP）数据

钢结构住宅设计与施工技术/建设部科技发展促进中心编．
北京：中国建筑工业出版社，2003
ISBN 7-112-05933-X

Ⅰ．钢… Ⅱ．建… Ⅲ．①钢结构—住宅—建筑设计
②钢结构—住宅—工程施工 Ⅳ．TU241

中国版本图书馆CIP数据核字（2003）第058057号

* * *

责任编辑：王雁宾 戴 静
责任设计：崔兰萍
责任校对：王金珠

钢结构住宅设计与施工技术
建设部科技发展促进中心编

*

中国建筑工业出版社出版、发行（北京西郊百万庄）
新 华 书 店 经 销
世界知识印刷厂印刷

*

开本：787×1092毫米 1/16 印张：12 插页：14 字数：290千字
2003年11月第一版 2004年8月第三次印刷
印数：5001—7000册 定价：48.00元
ISBN 7-112-05933-X
TU·5211 （11572）
版权所有 翻印必究
如有印装质量问题，可寄本社退换
（邮政编码100037）

本社网址：http：//www.china-abp.com.cn
网上书店：http：//www.china-building.com.cn

《钢结构住宅设计与施工技术》编委会

主编单位
建设部科技发展促进中心

参编单位
北京赛博思金属结构有限公司
天津市建筑设计院
北京埃姆思特钢结构住宅技术有限公司
南京旭建新型建筑材料公司

主　　编　张庆风

副 主 编　张小玲

编写人员　第一篇　蔡益燕
　　　　　　第二篇　蔡玉春
　　　　　　第三篇　陈敖宜
　　　　　　第四篇　刘宜靖　孙维理
　　　　　　第五篇　刘中华　张小玲

顾问专家组　柴昶　蔡益燕　陈禄如　张运田

序

钢结构房屋建筑技术早在 20 世纪初就在发达国家得到了快速发展，目前，轻钢结构已成为其主要的建筑结构形式。钢结构用钢量已占钢材产量的 30% 以上，钢结构建筑面积占总建筑面积约 40% 之多。钢结构的低层住宅也发展为住宅房屋建筑的主流形式。我国钢结构房屋建筑在建国初期就有很好的发展，改革开放以来，钢结构建筑出现了新的变化，进入 20 世纪 90 年代，我国钢结构建筑及其技术的发展迎来了一次高峰，规模更大、技术更新，充分展现了钢结构建筑的高技术风采，为城市建设和人民生活带来了现代社会的新气息。

我国钢产量成为世界第一，钢材的高性能和品种的不断进步，为钢结构建筑的发展提供了坚实的基础。国家建筑用钢领导小组于 1998 年正式建立和其开展的一系列工作为钢结构建筑的发展指明了方向，也证明国家有关部门对发展钢结构的重视和关心。国务院办公厅转发建设部等部门"关于推进住宅产业现代化，提高住宅质量若干意见的通知"和国家建设部、经贸委、质量技术监督局、建材局《关于在住宅建设中淘汰落后产品的通知》等文件的发布，进一步明确了钢结构住宅产业化的目标，粘土实心砖禁用为钢结构住宅发展注入了新的动力。钢结构住宅建筑技术的不断提升和创新，从建筑技术进步入手为高环境质量住宅和钢结构住宅标准化、多样化、个性化，特别是产业化奠定了坚实的基础。建设部科技研究攻关计划中也把钢结构住宅建筑技术纳入之中，开展全方位的系统开发研究和试点示范，又于 2002 年发布了《钢结构住宅产业化技术导则》。在国家的有力推动下，我国钢结构住宅建筑重现出蓬勃发展的势态。全国各地都在积极地进行钢结构住宅的建设。

为了促进我国钢结构住宅建设科学又健康的发展，使广大建筑技术工作者和开发建设者对钢结构住宅建筑技术有较全面系统的了解与掌握，为钢结构建筑设计、建造人员提供一本系统的实用技术参考书籍，建设部科技发展促进中心组织相关单位和钢结构建筑领域的专家共同编写了这本《钢结构住宅设计与施工技术》，该书在学习国内外钢结构住宅建设新技术的同时，结合我国钢结构住宅建设的实际,吸收了国家科技攻关研究项目的成果,对成熟的钢结构住宅建筑体系从理论、设计、建造等方面进行了系统的总结、优化与集成,致力于我国钢结构住宅产业化的发展和现代化。愿该书的出版能为广大读者带来技术之力,为提升住宅建筑技术进步做出贡献。

本书的编辑工作由编委会共同完成,大家齐心协力,认真负责,不断创新的精神值得学习,谨向参与本书编写的单位和个人表示衷心感谢。

2003年10月于北京

目　录

1　绪论 1
　1.1　国内外钢结构住宅发展状况 1
　　1.1.1　钢结构建筑的发展概况 1
　　1.1.2　发展钢结构住宅符合我国产业政策要求 2
　　1.1.3　国外钢结构住宅建设概况 2
　　1.1.4　我国钢结构住宅建设现状 3
　1.2　钢结构建筑的利弊 4
　　1.2.1　钢结构住宅的优势 4
　　1.2.2　钢结构住宅目前存在的不足 6
　1.3　钢结构住宅的前景 6

2　多层钢框架——混凝土核心筒（剪力墙）体系 8
　2.1　建筑设计 8
　　2.1.1　概述 8
　　2.1.2　建筑设计的基本原则 9
　　2.1.3　平面设计 10
　　2.1.4　立面设计 10
　　2.1.5　围护墙 10
　　2.1.6　内隔墙 12
　　2.1.7　防腐与防火 13
　2.2　结构设计 13
　　2.2.1　材料 13
　　2.2.2　钢结构住宅体系的选型 14
　　2.2.3　结构平面和竖向的布置 18
　　2.2.4　结构的抗震设计 19
　　2.2.5　结构节点与构件设计 21
　　2.2.6　结构整体计算 23
　　2.2.7　基础设计 25
　2.3　钢结构住宅施工 25
　　2.3.1　钢结构的制作 25
　　2.3.2　钢结构的安装 28
　　2.3.3　钢结构的验收 28
　2.4　存在的问题及展望 28

2.4.1	存在的问题	28
2.4.2	发展趋势	30
2.4.3	有待研究的问题	31
2.4.4	瞻望	32

2.5 【工程实例】北京信息产业开发区某住宅楼 33
    2.5.1 结构布置及设计计算 33
    2.5.2 构造及主要连接节点 36
    2.5.3 施工及质量措施 39
    2.5.4 达到的技术经济指标 41

3 钢管混凝土柱框架-核心筒结构体系的设计与施工 43
  3.1 概述 43
  3.2 钢管混凝土柱框架结构的物理力学特征 43
  3.3 钢管混凝土柱框架-核心筒结构体系的设计 46
    3.3.1 钢管混凝土柱框架-核心筒结构体系设计的一般要求 46
    3.3.2 抗侧力构件的设计 47
    3.3.3 钢管混凝土柱的设计 47
    3.3.4 钢梁与组合楼盖的设计 52
    3.3.5 结构节点设计与构造 53
    3.3.6 墙板设计 55
  3.4 天津市丽苑小区钢结构住宅试验工程概况 57

4 钢结构住宅围护结构（NALC板）设计与施工 62
  4.1 钢结构围护结构设计原则 62
  4.2 围护结构（NALC板）的设计 64
    4.2.1 NALC板的选型、热工计算和结构设计 64
    4.2.2 外墙设计 73
    4.2.3 隔墙设计 79
    4.2.4 NALC板墙面后处理设计 82
    4.2.5 屋面设计 86
  4.3 NALC围护结构的施工 89
    4.3.1 开工前的准备工作（签订合同后） 89
    4.3.2 工艺流程及要点 89
    4.3.3 施工组织 91
    4.3.4 质量保证措施 91
  4.4 工程实例 92
    4.4.1 上海中福城（二期）项目 92
    4.4.2 马钢光明新村钢结构住宅项目 101

5 低层轻钢龙骨结构住宅体系 105

- 5.1 低层轻钢龙骨结构住宅体系概述 ……………………………………………… 105
- 5.2 轻钢龙骨住宅的建筑设计 ……………………………………………………… 107
  - 5.2.1 低层轻钢龙骨结构别墅建筑的设计原则 …………………………………… 107
  - 5.2.2 建筑指标 …………………………………………………………………… 108
  - 5.2.3 平面设计 …………………………………………………………………… 108
  - 5.2.4 立面设计 …………………………………………………………………… 109
  - 5.2.5 屋面设计 …………………………………………………………………… 109
  - 5.2.6 围护墙 ……………………………………………………………………… 109
  - 5.2.7 管线系统 …………………………………………………………………… 114
  - 5.2.8 低层轻钢龙骨结构住宅主体工程的建造过程 ……………………………… 114
  - 5.2.9 低层轻钢龙骨结构住宅建筑实例（见彩图） ……………………………… 114
- 5.3 低层轻钢龙骨结构住宅体系的结构设计 ……………………………………… 118
  - 5.3.1 制造轻钢龙骨构件的材料 …………………………………………………… 118
  - 5.3.2 轻钢龙骨构件 ……………………………………………………………… 120
  - 5.3.3 构件的承载力 ……………………………………………………………… 124
  - 5.3.4 轻钢龙骨结构构件的连接方式 …………………………………………… 127
  - 5.3.5 OSB板及其在轻钢龙骨结构中的增强作用 ……………………………… 130
  - 5.3.6 轻钢龙骨支撑框架结构 …………………………………………………… 131
  - 5.3.7 查表选用构件的方法 ……………………………………………………… 154
- 5.4 低层轻钢龙骨结构住宅体系的设备选用设计 ………………………………… 170
- 5.5 低层轻钢龙骨结构住宅的装修设计 …………………………………………… 172
- 5.6 低层轻钢龙骨结构住宅建筑的施工 …………………………………………… 172
  - 5.6.1 低层轻钢龙骨结构建筑施工指南 …………………………………………… 173
  - 5.6.2 镀锌钢板及型钢构件的保存与搬运 ……………………………………… 173
  - 5.6.3 OSB结构板的进场要求与保管 …………………………………………… 173
  - 5.6.4 机具 ………………………………………………………………………… 174
  - 5.6.5 构件的现场加工与安装注意事项 ………………………………………… 174
  - 5.6.6 结构柱的安装 ……………………………………………………………… 174
  - 5.6.7 地板梁的安装 ……………………………………………………………… 175
  - 5.6.8 桁架安装 …………………………………………………………………… 175
  - 5.6.9 OSB结构板的安装 ………………………………………………………… 175
  - 5.6.10 管道系统的安装 ………………………………………………………… 176
  - 5.6.11 橱柜的安装 ……………………………………………………………… 176
  - 5.6.12 防火与隔声材料安装事项 ……………………………………………… 176
- 附录 关于印发《钢结构住宅建筑产业化技术导则》的通知 ……………………… 177
- **钢结构住宅建筑产业化技术导则** ……………………………………………………… 178
- 参考文献 ………………………………………………………………………………… 183

1 绪 论

1.1 国内外钢结构住宅发展状况

1.1.1 钢结构建筑的发展概况

世界上发达国家都非常重视发展钢结构技术，以建造超高层的钢结构摩天大楼，造型美观的大跨度公共建筑和钢结构工业厂房，显示其经济实力和现代化建筑技术水平。所以说钢结构建筑发展水平往往是衡量一个国家或地区经济发展水平的重要标志之一。

现代轻钢结构房屋建筑体系诞生于 20 世纪初，它在"二战"期间得到快速发展。其时多用于对施工速度要求很高的战地机库、军营等；20 世纪 40 年代后期出现了门式刚架结构；20 世纪 60 年代开始大量应用由彩色压型板及冷弯薄壁型钢檩条组成的轻质围护体系；目前轻钢结构已成为发达国家的主要建筑结构形式。近两年来，世界钢铁产量的增加和国际军需用钢量的下降，促使各国拓展钢结构使用范围，各国建筑用钢量在钢材总耗用中的比例明显提高，一般在 30% 左右，日本在 50% 上下。美国、瑞典、日本等国家，钢结构用钢量已占钢材产量的 30% 以上，钢结构面积占到总建筑面积约 40% 以上。

钢结构建筑在我国的发展大体经历了三个阶段：第一阶段是建国初期（20 世纪 50 年代～60 年代）是初盛时期；第二阶段是文化大革命时期（20 世纪 60 年代中后期～70 年代）是低潮时期；第三阶段是改革开放以后（80 年代至今）是发展时期。20 世纪 50 年代以前苏联 156 项援建项目为契机，我国钢结构建筑取得了卓越的成就。至今仍发挥着巨大作用；20 世纪 60 年代国家提出在建筑业实行节约钢材的政策，使我国钢结构建筑发展受到制约；20 世纪 80 年代改革开放以后，东部沿海地区引进国外轻钢建筑，促进了国内各种钢结构厂房的建碑，以及北京、上海、深圳各地相继兴建了数十栋高层钢结构建筑和亚运会一大批体育场馆建设，迎来了我国钢结构建筑发展的第一次高峰。20 世纪 90 年代至今，可以说是我国钢结构建筑发展第二个春天的来临，出现了规模更大、技术更新的局面，充分展现了钢结构建筑以高技派的手法带来现代生活的新气息。如：北京国贸大厅、中国工商银行、中国银行、地王大厦、金茂大厦、远洋大厦、各地新机场候机楼以及一大批轻钢建筑。

1.1.2 发展钢结构住宅符合我国产业政策要求

中国是世界上最大的砖砌体建筑和混凝土建筑大国，每年生产7000多亿块砖（约占世界产量的1/2），5亿t水泥（占世界产量1/3强），生产砖的代价是每年毁农田15万亩，消耗标准煤约7000万t，生产水泥的代价是每年排放温室气体CO_2约3亿t（生产1t水泥熟料，排放$1tCO_2$），破坏的矿山和排放的废水则难以统计，更为严重的是砖、混凝土都是不可再生材料，一次性使用后果严重，形成的建筑垃圾将难以处理。

钢结构建筑的发展带来了解决问题的突破口。首先，钢材是一种高强度、高性能的绿色环保材料，具有很高的再循环使用价值。其次，钢结构具有抗震性能好的特点，结构空间布局灵活，构件截面尺寸小，住房使用面积高，可有效提高使用面积5%~8%，满足居民的投资要求。钢结构有利于工业化配套化生产，具有安装方便建造速度快的优点，工期可缩短1/2~1/3，减少了企业投资的财务成本。同时钢结构建筑的发展，会带动一系列相关轻质高强墙体材料的发展，为我国产业结构调整，实现产业升级创造条件。因此，在禁止使用实心粘土砖之后，积极开发、生产应用新型钢结构住宅体系，建立替代现有结构体系的新型建筑结构体系，已迫在眉睫。

如果说钢结构的最初发展是受国外投资的影响。那么现在和今后钢结构的发展，就带有一定的必然性。它是我国社会经济发展水平，钢结构建筑技术发展的必然产物。第一，我国钢铁行业迅猛发展，钢产量从1978年的3718t增加到1996年的超过1亿t，2002年的钢产量是1.9亿t，成为世界第一钢材生产大国。近年来，随着我国冶金企业不断调整产业结构，钢与钢材的品种、规格日渐增多，建筑配套产品日益齐全，为钢结构住宅发展奠定了物质基础；第二，我国政府高度重视钢结构建筑发展，建设部在新修订的《建筑技术政策》中，明确提出积极发展钢结构的方针，把钢结构技术列为十大重点推广技术。同时，于1998年成立国家建筑用钢领导小组，足以证明国家对发展钢结构建筑的重视，这必将对我国钢结构建筑的发展起积极推动作用。

另外，发达国家建筑用钢量为其钢产量的45%~55%，而我国建筑用钢量仅为钢产量的20%左右。同时，住宅产业是我国国民经济新的增长点，住宅建筑量大面广，在推进住宅产业现代化过程中，钢结构住宅发展前景广阔。钢结构住宅因其固有的优点将成为我国推进产业现代化的主要建筑体系。

1.1.3 国外钢结构住宅建设概况

国外采用钢结构建造住宅的主要是钢铁生产大国和钢结构建筑比较发达的国家和地区，如欧洲、北美、日本和澳大利亚，其中在北美、日本和澳大利亚1~3层的低层住宅是住宅的主流形式，因此钢结构住宅多为低层；在欧洲许多国家钢结构多层和高层住宅建造量较大，工业化生产和预制装配程度也较高，我国的土地和资源方面与欧洲情况相近，因此较多的研究欧洲国家的经验。

20世纪50年代，欧洲由于受"二战"的严重影响，对住宅需求非常大，为解决房荒问题，欧洲一些国家采用了工业化程度较高的钢结构建筑体系，建造了大量住宅，形成了一批完整的、标准的钢结构住宅体系，并延续至今。60年代，住宅建筑工业化的高潮遍及欧洲各国，并发展到美国、加拿大、日本等经济发达国家。

近年来，随着钢结构建筑技术的不断提高与发展，社会对住宅的需求经历了一个"由注重数量，到数量与质量并重，再到质量第一，进而强调个性化、多样化、高环境质量"的发展阶段。许多西方国家的住宅工业化生产又出现了新的高潮。瑞典是世界上住宅工业化最发达的国家，其80%的住宅采用以通用部件为基础的住宅通用体系；在美国现有34家专门生产单元式建筑的公司；在钢结构住宅体系上，国外已开发了钢结构工业化生产体系，并不断提升住宅产品的性能指标。目前，国外的钢结构住宅工业化生产方面的研究已进入对住宅体系灵活性、多变性的研究，以扩大适应面和产生规模效应。如日本的三泽住宅以"百年住宅"概念，达到年销售量近万套；以及英国政府委托建筑领域完成的一份被称作"建筑生产反思"的报告中提出了一个最新的观念：将制造业的生产方式列入建筑业，它打破了人们长期以来认为的建筑业不同于制造业，认为它的每个产品都是独一无二的观念。值得注意的是，住宅产业化的实现体现出这样的基本原则，即以模数化构建标准化，以标准化推动工业化，以工业化促进产业化。从20世纪90年代开始国外已形成了从设计、制作到供应的成套技术及有效的供应链管理，其中轻钢结构因其自重轻、强度高、空间利用率高等优点，发展成为单元式建筑的主干，主要用于住宅、饭店、酒店的修建或扩建中。

1.1.4 我国钢结构住宅建设现状

我国"十五"期间计划达到每年建筑钢结构用钢量将占全国钢材总产量的3%；到2015年将达到钢材总产量的6%。这是已经公布的《国家建筑钢结构产业"十五"计划和2015年发展规划纲要》明确提出的发展目标。为促进我国钢结构住宅产业化发展，建设部于2002年发布了《钢结构住宅产业化技术导则》，并评审通过了三批共36项钢结构住宅科研项目立项和确定了北京赛博思金属结构工程管理公司的第一个建设部钢结构住宅产业化科技示范工程。在这些有力地推动下，目前我国钢结构住宅的开发应用已呈现出更为广泛与深化的发展趋势，同时全国各地也相继建成了一批钢结构住宅试点工程。如上海中启集团建设的上海中福城项目，上海现代集团在新疆库尔勒建造的8层钢结构住宅，河北唐山的几幢3～5层钢结构住宅，天津建筑设计院和天津建工集团分别开发的不同的11层钢管混凝土住宅，长沙远大的集成住宅，马鞍山钢铁公司的建造的18层钢结构住宅楼，莱钢建造的一批住宅楼，北京金融街12层钢结构金宸公寓，北京埃姆思特开发的冷弯超薄壁型钢住宅体系以及北京赛博思公司开发和承建的西三旗钢结构住宅楼，福建师大学生公寓，建设部钢结构示范工程北京水利基础总队住宅楼和 12 万 m^2 北京经济开发区青年公寓项目等。这些项目的建成与钢结构住宅的开发建设，积累了宝贵的经验。

1.2 钢结构建筑的利弊

1.2.1 钢结构住宅的优势

继砖混结构、框架结构、框剪结构之后，配合国家有关限制使用粘土砖及鼓励建筑业多用钢材的政策，新型钢结构住宅正引起建筑业内人士的广泛关注。目前，天津、北京、上海、长沙等地正在进行相关的试点工作，在住宅领域内较大范围采用钢建筑通用体系已是呼之欲出。

据天津市城乡建筑管理委员会负责人介绍，天津市正在启动试点建筑钢结构住宅 20 万 m^2，其中三栋计 2.5 万 m^2 的单体建筑主体将于年内完工。待试点取得较为成熟的经验后，将开始在高层建筑中推广。

根据国务院办公厅转发建设部等部门《关于推进住宅产业现代化提高住宅质量若干意见的通知》（国办发 [1999] 72 号文）和建设部、国家经贸委、质量技监局、国家建材局《关于在住宅建设中淘汰落后产品的通知》（建住房 [1999] 295 号文）的要求，各直辖市、沿海地区的大中城市和人均占有耕地面积不足 0.8 亩的省份的大中城市的新建住宅，逐步限时禁止使用实心粘土砖，限时截止期限为 3 年。为了贯彻落实上述通知的精神，必须发展可替代砖混体系的新型建筑体系。

目前我国的住宅结构仍以砖混结构和钢筋混凝土框架结构为主，而钢结构除了在一些高层的办公楼和其他商业建筑有所应用外，在住宅方面的应用几乎是一片空白。钢结构建筑在人们的心目中总是和超高层的大型建筑联系在一起，国内最具代表性的钢结构建筑有深圳 325m 高的地王大厦、上海浦东 421m 的金茂大厦。而实际上，国外 60% 以上的高档住宅都采用了钢结构。钢结构自身拥有许多优点，随着技术的进步，住宅产业化的发展，方方面面都为钢结构住宅提供了广阔舞台。长期以来，国内建筑一直使用的实心粘土砖，因为大量浪费土地资源、污染环境，我国在大城市已禁止使用。钢结构因取材方便，用料省，可回收利用而显现出较强的竞争力和良好的市场前景。同时钢结构住宅的推广将对我国住宅产业化发展起到极大的促进作用。中国钢产量自 1996 年突破 1 亿吨后，已实现了从短缺到充裕的大跨度飞跃。但是目前国内建筑用钢量仅占钢产量的 30% 左右，且大都用于钢筋混凝土结构和砖混结构中的钢筋，而钢结构的用钢量（型材、板材等）只占建筑用钢量的 1.5% 左右，钢结构建筑在整个建筑中所占比例还很少，不到1%。因此加快发展钢结构住宅，对冶金行业的推动作用也显而易见。为此，国务院72号文件特别提到了钢结构体系的发展，并确定2015年建筑结构发展目标：每年全国建筑钢结构的用钢量达到钢材总产量的5%。

钢结构与其他结构相比，在使用功能、设计、施工，以及综合经济方面都具有优势，在住宅建筑中应用钢结构的优势主要体现在以下几个方面：(1) 和传统的结构相比，合理的设计可以更好的满足建筑上大开间、灵活分割的要求；且增加使用面积5%～8%；(2) 与钢结构配套的轻质墙板、复合楼板等新型材料，符合建筑节能和环保的要求，可以达到节能50%的目标，极大的节约了我国相对人均短缺的能源；(3) 钢结构及配套技术相应部件的绝大部分易于定型化、标准化，可采用工业化生产方式，实现构件的工厂预制和现场装配化施工，实现技术集成化，提高住宅的科技含量和使用功能；(4) 钢结构住宅体系可以实现住宅建筑技术集成化和产业化新思路；(5) 钢结构住宅体系工业化生产程度提高，现场湿作业少，而且钢材本身可再生利用，符合环保建筑的要求；(6) 钢结构体系轻质高强，可减轻建筑结构自重的30%，大大降低基础的造价；(7) 钢结构体系施工周期短，可以大大提高资金的投资效益；(8) 钢结构住宅体系直接造价略高，但综合效益却明显高于传统的住宅体系。当然，钢结构也有一些弱点，如防火能力差，易锈蚀等。但这些问题随着科技的发展，设计的改进，先进的防火材料、防锈涂料及新型耐火耐候钢的出现将得到很好的解决。

此外，由于钢结构通用体系具有充分的灵活性、可改性和安全性，有利于保证现代居住生活的需要，适应现代住宅市场的需求；开发该体系对于消化钢材和水泥，带动建筑、冶金、建材、化工等一大批跨部门、跨行业企业的发展也有着重要意义。图1-1-1为钢结构住宅标准层平面示意图。

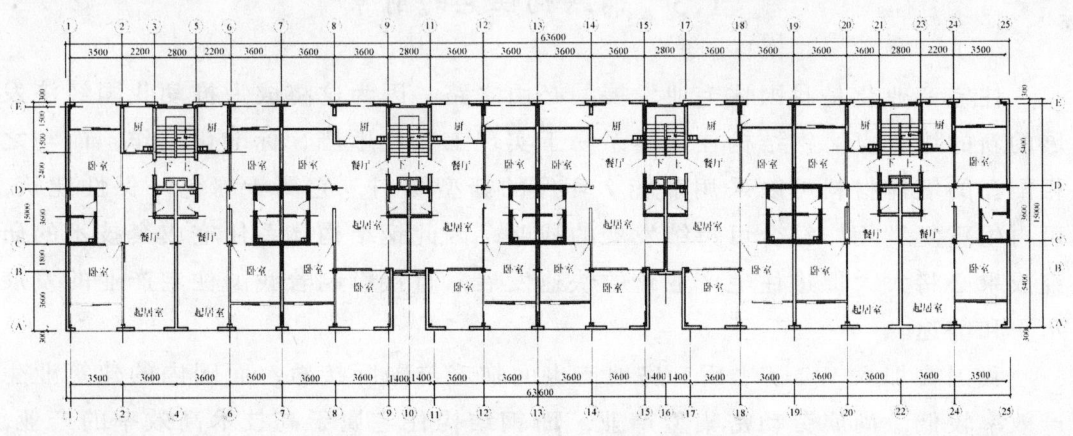

图1-1-1 钢结构住宅标准层平面

1.2.2 钢结构住宅目前存在的不足

钢结构住宅虽然拥有诸多优点，但在我国毕竟处于发展初期阶段，仍存在许多问题需要解决。钢结构应用于大跨度的工业厂房及公共建筑，能充分发挥钢材的力学性能，而应用于住宅，由于相同的承载力其断面比较小，则刚度减小，会带来不稳定感且对楼板和支撑等的要求比较高，所以从其抗震力学性能来讲，纯钢结构并不适宜板式高层住宅。

另外，现在建筑施工中边设计边施工边修改的"三边"工程很普遍，实际上是业主根据各方面情况变化在不断调整自己思路的过程，而钢结构一旦采用，图纸或房型等都不能轻易变动，市场的风险比较大；钢结构对建筑设计、管道布置等也有一定要求，房型和建筑造型等如果随意发挥，使框架柱不能形成刚性平面，造价会大大提升，也可能造成建筑呆板和缺乏变化。实际上，钢结构住宅不是简单的用钢材替代混凝土作为支承结构，而是要解决与钢结构住宅相配套的抗侧力体系和材料问题，包括墙体、楼板等。如目前比较好的外墙板造价偏高，而价格低的预制墙板材料在解决保温隔热、热桥等方面又达不到要求。造价也是制约钢结构发展的因素。从理论上分析，钢结构占有一定优势，但在实际工程中，由于经验不足、专业技术人才的缺乏，而且配套体系不完善，会使钢结构住宅的造价达到混凝土结构的1.5倍左右，使钢结构在中低层、中低档住宅方面缺乏竞争力。钢结构住宅的技术要求高，涉及的材料、部件种类特别多，防火性能、防腐性能都是其中的技术难点。2001年的"9·11"事件使人们目睹了钢结构建筑垮塌的惨景，愈发关注钢结构住宅的防火性能。

在技术规范、标准方面，虽然目前单一的专业技术规程规范比较齐全，但是对于作为钢结构住宅的综合性技术规程尚待编制。

1.3 钢结构住宅的前景

住宅产业化是我国住宅业发展的必由之路，因为这将成为推动我国经济发展的新的增长点。钢结构住宅体系易于实现工业化生产、标准化制作，而与之相配套的墙体材料可以采用节能、环保的新型材料，它属于绿色环保性建筑，可再生重复利用，符合可持续发展的战略，因此钢结构体系住宅成套技术的研究成果必将大大促进住宅产业化的快速发展，直接影响着我国住宅产业的发展水平和前途。

我国在加入WTO之后，房地产也面临着与国际接轨，而国内的建筑业生产效率较低，尚属劳动密集型产业，而钢结构住宅属于高技术高效率的产业，加快对钢结构住宅的研究，将促进建筑业向技术密集型产业转化，并将带动建材、冶金、信息、机械尤其是钢铁产业的发展。

钢结构住宅的发展将带动住宅施工行业的革新。如果说钢筋混凝土结构的发展使施工从手工业进入了机械化，那么钢结构的应用就将使住宅施工实现现代化。

钢结构住宅在我国的住宅产品中，还是初出茅庐的新秀，虽集众多长处于一身，但能否成为一个有特色的建筑分支产出，还有待本行业有关各方共同努力开发打造。

2 多层钢框架——混凝土核心筒（剪力墙）体系

2.1 建筑设计

2.1.1 概述

建筑师必须而且也将逐渐地认识到，不应该把他们所建造的房屋当作留给子孙后代的纪念碑，而应当在令人较满意的造价下提供一个适用、轻巧、朴实无华的住所及内部环境，以适应迅速变化和不固定的生活方式。这正像上个世纪西方发达国家最出色的钢结构设计人实际上所做到的。应当明白，永久性的壮观已不再是真正的建筑艺术的正确标准。其与众不同的特点，毋宁说是功能、设计和形式的统一以及与时代尺度的概念和谐一致。从这个角度看，钢材是一种杰出的建筑材料，是与我们这个时代的精神完全吻合的。

结构设计的立足点在于力学，建筑设计的立足点则在于美学，力学与美学的结合并不是近代建筑所特有的新的课题，早在古希腊、罗马和中国的古建筑中都可找到其完美结合的例证。现代建筑中，各种结构和材料技术的迅速发展将一次次冲击着古老的建筑美学的概念，在新的技术面前，建筑设计呈现出彷徨和不断探索的局面。

在很长的一段时间中，建筑师为追求美学设计完美，尽可能地利用装修手段将结构隐藏起来。但是近几十年来，建筑结构所体现的理性和技术的美感被重新认识，结构设计也从单纯的建筑支撑体的概念中解脱出来，以其特有的理性造型，给建筑美学注入新的内容，为此，结构造型设计也就应运而生。

近年来，建筑中大面积玻璃的使用，使得建筑在实现对透明性的追求的同时也大面积地暴露了建筑的结构和设备。支撑玻璃体的结构造型、节点细部和施工技法等均严格要求，建筑结构在充当支撑的同时成为玻璃建筑的可见结构造型。在此，结构造型设计的意义也就愈加明显。

结构造型设计是建筑师和结构工程师相互配合的结晶。它并不等同于暴露结构，暴露的方式、位置、结构形式、构件造型等都必须纳入建筑设计的范畴才能展示其魅力。日本筑波国际会议中心大厅的上方，建筑师有意在吊顶上挖出一个卵形的缺口，透出排列整齐的钢结构桁架，卵形图案加上细致的桁架显示出建筑构图与结构造型的有机结合，给中心大厅带来生机。美国建筑师

Rafael Vinoly 和日本结构工程师渡边邦夫合作设计的东京国际会议中心（Tokyo International forum）的玻璃大厅中，弧形的屋顶桁架和棱形的支柱等造型已无法仅从结构的需求来进行解释，它同时更应该被看作是一种建筑艺术造型。

菊竿清训在《怎样阅读现代建筑》一书中写到："现代建筑已经到了结构师的时代，准确地说，是'能够从理性上、技术上来进行思考的建筑师'……从设计的角度来说，与其把这称为设计与结构的结合，不如说是在设计中进行'理性思考的建筑师'一直领导着现代建筑的发展。"

在材料技术方面，各种高技术材料的复合材料的使用也是当代建筑界出现的新的特征之一，钛合金、碳纤维等均以其轻质和高强度向建筑界提出新的可能性。日本滋贺县草津市草津第二小学校体育馆在屋顶改造工程使用了碳纤维材料作为新的屋顶，其轻质高强的结构特征使得建筑在改造过程中免去了对原建筑梁柱等构造体的补强，从而减少了施工工序并降低了改造费用。

另外，环境问题也困扰着当代的建筑界，为减少玻璃体建筑的大量能源浪费，透明遮热玻璃的开发利用受到关注。同时，减少资源的浪费，研究开发可以进行再回收利用的建筑材料等课题都将带入21世纪，并期待着能在新的世纪里得到更好的解决。

2.1.2 建筑设计的基本原则

建筑设计的基本原则主要有以下几点：

(1) 钢结构住宅，应充分发挥钢结构强度高、刚度大的特点，应采用大开间、大空间、净空高、单元内无柱，满足用户任意灵活分隔的要求；

(2) 住宅设计必须执行国家的方针政策和法规，遵循安全卫生、环境保护、节约能源、节约用材、节约用水等有关规定；

(3) 住宅设计应符合城市规划和居住区规划的要求，使建筑与周围环境相协调，创造方便、舒适、优美的生活空间；

(4) 住宅设计应执行标准化、多样化，积极采用新技术、新材料、新产品，促进住宅产业现代化；

(5) 住宅设计应满足近期使用要求的同时，兼顾今后改造的可能；

(6) 住宅设计应以人为本，除满足一般居住使用要求外，根据需要尚应满足老年人、残疾人的特殊使用要求；

(7) 住宅室内外装修设计，应采用经过国家和地方有关机构认证的新型节能和环保型装饰材料及其他用具，严禁采用有害人体健康的假冒伪劣材料；

(8) 住宅装修可根据不同标准，采用菜单式设计，宜统一实施，宜一次装修到位；

(9) 厨房、卫生间一次装修到位。采用防水、防滑、延年和易于清洗的材料。

2.1.3 平面设计

平面设计的注意事项：

（1）钢结构住宅宜采用条式楼、点式楼或其他形式，应充分考虑钢结构构件生产的工业化、规格化、标准化，便于施工；

（2）钢结构住宅每个单元宜设计2～3套住宅，不应超过4套住宅；

（3）户型以一厅二室、二厅二室和一厅三室、二厅三室为基本户型；

（4）每一居住户要保证有门厅、起居厅（客厅）、餐厅（就餐部位）、厨房、卧室、卫生间、储藏间等七个功能空间，以确保合理的居住功能；

（5）主要房间的面宽开间尺寸：主卧室≥3.6m，

次卧室≥3.3m，

起居厅（客厅）≥3.9m；

（6）户内平面布置要做到公共活动空间与私密性空间分区、食寝分离、洁污分离。户内公用卫生间，应包括大便器、洗面盆、淋浴（或浴盆）、热水器，并有洗衣机位置，主卧室专用卫生间应包括大便器、洗面盆、带淋浴的浴盆。厨房应按标准化和定型设备考虑灶、池、台、柜的布置。合理布置通风烟道、排气罩、热水器等的位置；

（7）建筑开间、进深的尺寸可采用3模或2模即按300mm或200mm进位。开间方面柱网宜采用6.9m、7.2m、7.5m等跨度，也可采用4.2m、4.8m、5.1m、5.4m等跨度，进深方向可采用2跨或3跨，跨度宜4.8～5.7m，楼电梯间宜采用2.4m开间；

（8）住宅层高宜≤2.8m，

楼板下皮（吊顶下皮）净高≥2.6m，

主梁下皮净高≥2.4m。

2.1.4 立面设计

立面设计的注意事项：

（1）住宅楼栋立面设计应综合考虑规划、经济、美观、材料施工工艺、城市文脉、空间环境等因素确定；

（2）住宅楼栋立面在满足使用功能的前提下，将屋顶、墙身、基座等部位整体有机组合，以充分体现钢结构挺拔秀美的固有特征；

（3）住宅楼栋立面窗户设计应满足房间采光和日照要求，充分发挥钢结构的特色，采用圆窗、平窗、凸窗，并有机的排列组合，应有一定的韵律感、节奏感。

2.1.5 围护墙

1．围护墙设计的基本要求

（1）围护墙是钢结构住宅的主要组成部分，也是国家政府部门要求墙体改革的重点。它是促进住宅建设产业化，加快建设速度的主要途径；

（2）围护墙的节能应按住宅二步节能50%设计；

（3）围护墙与主体钢结构应有可靠的连接；

（4）围护墙应做好防水、防火、构造及节点设计，既要保温，又要隔热、隔声，同时还要保证坚固耐久；

（5）在条件许可的情况下，围护墙宜优先采用性能良好的新型复合墙板，在工地连接拼装。也可采用保温轻板、现场组装，结构面层现场喷抹的工法，以形成整体性能更优的复合墙板。同时也允许采用常用的砌块等。

2．围护墙采用复合外墙墙板的设计要点

（1）建筑物理指标

1）传热系数 K [$W/m^2 \cdot K$]，应符合《民用建筑节能设计标准》(JGJ 26—95)或《夏热冬冷地区居住建筑节能设计标准》(JGJ 134—2001)。以北京地区为例：

当体型系数 $S \leqslant 0.3$ 时，$K \leqslant 1.16$；

当体型系数 $0.3 \leqslant S \leqslant 0.35$ 时，$K \leqslant 0.82$。

2）外墙面吸水率：<5%；

3）外墙面抗冻性：冻融循环不小于 25 次；

4）隔声：允许噪声级（A声级）白天：≤50dB，夜晚：≤40dB；

5）耐火极限：≥1h。

（2）力学特性指标：

1）墙体密度；$6kN \sim 8kN/m^3$；

2）垂直荷载作用下，允许荷载应不小于 $10kN/m^2$，主要墙体材料抗压强度不小于 $5N/mm^2$；

3）侧向荷载作用下，允许荷载 $15kN/m^2$，变形不大于 1/250（支承距离：当为横向支承时不小于 4.2m，当为竖向支撑时不小于 3m）；

4）墙面耐久性：不出现开裂；

5）使用要求：满足装饰及家电安装等对墙面强度和刚度的要求。

3．墙板的合理分类

第一种分类法：可按以一门或一窗为核心，以其左右一开间为宽度、上下一层高为一个板单元的原则划分；

第二种分类法：可按窗间墙、窗上墙、窗下墙、门间墙、门上墙、女儿墙等为一个板单元的原则划分。

墙板宜尽量减少冷桥，可在冷桥部位，采取局部加强措施，以提高该局部表面温度。

4．墙板的安装

安装墙板时，应在柱子上标志出每块墙板的安装位置，板型要核对无误，板缝应力求横平竖直，板缝的大小应根据设计图纸的要求；

安装窗洞上下的墙板时，应复查窗洞标高和实际尺寸，以免返工；

安装后应定位校正，再按设计的连接方法予以固定。

5．墙板的连接

可采用在墙板中预设埋件，安装定位后，与主体结构的埋件焊接，焊缝及埋件应进行防腐处理；也可采用在柱上和梁上设置钢支托，将墙板安置于支托上，并应牢固连接。

6．板缝设计

(1) 一般水平板缝不宜大于10mm，垂直缝不宜大于16mm；

(2) 板缝设计应满足防水、保温要求，构造合理，施工简便，坚固耐久；

(3) 水平缝可采用简单的平缝形式，垂直缝可采用直缝，也可采用接榫缝；

(4) 当采用平缝和直缝时，缝中间应填密保温材料，然后在板两面用弹性防水水泥砂浆嵌缝，深浅一致，然后用防水密封胶挤进密封，密封胶要求不渗水，高温不流淌，低温不开裂，粘结性能好，抗老化，施工方便。

2.1.6 内隔墙

1．内隔墙设计的基本要求

(1) 内隔墙应有良好的隔声、防火性能和足够的强度，以保证住房的安全性；

(2) 内隔墙应便于埋设各种管线；

(3) 内隔墙与主体结构连接可靠，在地震时不应脱落；

(4) 门框、窗框与墙体连接可靠、牢固、安装方便；

(5) 分户墙宜采用加气混凝土条板或双层GRC墙板，中间充填保温隔热材料，也可采用砌块；

(6) 分室墙宜采用轻质墙板，如有条件，可采用易拆型隔墙墙板，以利住户改造，满足灵活隔断的要求。

2．内隔墙板的性能

(1) 物理指标

1) 隔声：计权隔声量：≥40dB；

2) 耐火极限：

梯间、单元之间的墙：2h。

房间隔墙：0.5~0.75h。

(2) 力学特性指标

1) 墙体密度：<6kN/m^3；

2) 主要材料抗压强度：不小于2.5N/mm^2；

3) 侧向荷载下，允许荷载1.0kN/m^2（支撑距离不小于3.0m）；

4）墙面耐久性：不出现开裂；
5）使用要求：满足装饰及家电安装等对墙面强度和刚度的要求。

2.1.7 防腐与防火

1. 防腐

（1）构件应选用表面原始锈蚀等级不低于B级的钢材，并采用喷砂（抛丸）、除锈，除锈等级不应低于Sa2级；

（2）结构上的涂层应与除锈等级匹配，当等级不低于Sa2级时，应配套采用高氯化聚乙烯或环氧树脂类高质量防锈漆。

一般应为两遍底漆、两遍面漆，必要时增加一道中间漆，干膜总厚度为$125\mu m$，漆层间作用配套、性能配套、硬度配套，不应发生互溶和咬底现象。涂装后的漆膜外观应均匀、平整、丰满而有光泽，不允许有咬底、裂纹、剥落、针孔等缺陷。其施工质量应按《钢结构工程施工质量验收规范》（GB 50205）验收；

（3）必要时可按"验收规范"要求进行涂层附着力测试。

2. 防火

（1）多层民用建筑的耐火等级可为二级，由此对不同的承重构件确定其耐火极限，并选择对应的防火措施；

（2）当选用防火涂料时，应按《钢结构防火涂料应用技术规程》（CECS 24：90）相应的规定设计。涂层厚度的耐火极限也可根据公安部消防研究所确认的实验数据设计。当采用有机薄涂型时，在条件许可的情况下，表层可抹20mm左右的砂浆以加强保护作用；

（3）当采用石膏板、蛭石板、珍珠岩板等硬质防水板材包覆时，应按《高层民用建筑钢结构技术规程》（JGJ 99—98）相应规定设计；

（4）当采用混凝土保护层，其厚度不应小于50mm，在外包层中应埋设钢丝网或用小截面钢筋加强。对于工字型钢梁可采用上下翼缘间填混凝土，取得防火效果；

（5）普通钢筋混凝土楼板及其他混凝土构件的防火要求可按《建筑设计防火规范》（GBJ 16—87）相应规定设计；

（6）压型钢板组合楼盖，应采用喷涂钢结构防火涂料或粘结防火板材的保护措施，否则在组合楼盖截面承载力和刚度验算中不应考虑压型钢板参加工作。

2.2 结 构 设 计

2.2.1 材料

建筑钢结构的钢材，一般可采用Q235等级B、C的碳素结构钢，以及

Q345等级B、C的低合金高强度结构钢。其质量标准应分别符合我国现行国家标准《碳素结构钢》（GB 700）和《低合金高强度结构钢》（GB/T 1591）的规定。当有可靠根据时，可采用其他牌号的钢材。

钢框架柱一般选用热轧宽翼缘H型钢或钢管混凝土柱，其中钢管可以为直缝、螺旋缝或无缝钢管，也可做成空钢管柱。钢框架梁宜选用窄翼缘H型钢，高频焊接薄壁I字钢或其他焊接I字钢。国家规范规定抗震结构钢材的强屈比不应小于1.2，应有明显的屈服台阶；伸长率应大于20%，并且应有良好的可焊性。

当综合技术经济方案合理时，也可采用高层建筑专用钢Q235GJ、Q345GJ或耐候钢、耐火钢等。

2.2.2 钢结构住宅体系的选型

多层轻钢住宅宜采用三维框架结构体系，亦可采用平面框架体系，此时须加强各框架间的连接与支撑。框架体系轻钢住宅自重轻，结构较柔，自振周期较长，对地震作用不敏感。但框架体系抗侧移刚度小，在风荷载、地震作用下，其层间侧移和总侧移较难满足规范要求，故需设置各种侧向抗力体系。多层房屋钢结构体系主要有：钢框架体系、框架-中心支撑体系、框架-偏心支撑体系、框架-核心筒体系、交错桁架体系、框架-剪力墙体系等。结构体系应根据安全可靠、经济合理、施工方便等原则，并结合建筑功能、建筑模块及建筑围护等要求合理选用。

1. 钢框架体系

该体系类似于混凝土框架体系，不同的是将混凝土梁柱改为钢梁、钢柱，由于钢柱截面一般较混凝土的小，且多为H型截面，所以其抗侧移刚度要小的多。钢框架体系是一种典型的柔性结构体系，其抗侧力刚度仅由框架提供，一般情况下，若刚度方面满足抗侧移的要求，则构件的强度方面也满足承载力的要求。计算表明，该体系适用于低烈度区，在高烈度区，由于地震作用的增加，往往因刚度不足的单一因素需加大构件的截面尺寸，是十分不经济的。但这种结构体系由于全部采用钢构件，所以是施工速度最快的一种结构形式。

2. 钢框架-中心支撑体系

在框架结构体系中增设斜向支撑构件就形成了框架-支撑体系。当斜向支撑构件的两端均位于梁柱相交处，或一端位于梁柱相交处，另一端在另一支撑于梁相交处同梁相连，则构成了框架-中心支撑体系。与框架体系相比，框架-中心支撑体系在弹性变形阶段具有较大的刚度，容易满足规范对结构物层间位移的限值要求。但在强震作用下，支撑中的受压杆件易受压屈曲，导致整个结构体系的承载力下降，并引起较大的侧向变形。同时，因为墙内要布置支撑，所以对建筑洞口布局有诸多限制，其方案布置往往难以得到建筑师的认同。

3. 框架-偏心支撑体系

针对框架-中心支撑体系在强震作用下易造成受压杆件的受压屈曲的问题，使用框架-偏心支撑体系可以得到很好的解决。即将支撑斜杆一端与梁偏移一段距离连接（不在梁柱或技支撑节点处），支撑与支撑之间或梁柱节点间形成一梁段，则构成了框架-偏心支撑体系。上述梁段称为耗能梁段，是这一结构的核心构件。在这种结构体系中，耗能梁段在正常使用或小震情况下保持在弹性变形阶段，而在强震作用下，通过其非弹性变形，在其中产生塑性铰耗能，从而具有较好的抗震能力。

4. 钢框架-剪力墙体系

该体系可细分为框架-混凝土剪力墙体系、框架-带缝混凝土剪力墙体系、框架-钢板剪力墙体系及框架-带缝钢板剪力墙体系。框架-混凝土剪力墙体系是以楼梯间或其他适当部位（如分户墙）采用现浇钢筋混凝土剪力墙，作为结构主要抗侧力体系，框架部分主要承担竖向荷载。其优点是钢筋混凝土剪力墙抗侧移刚度较强，可以减小钢柱的截面尺寸，降低用钢量；如果剪力墙的布置合理，房间布置所受的限制就小些，但应避免采用钢框架与单片混凝土剪力墙组成的混合结构，剪力墙应对称布置，纵、横向都要设置剪力墙，剪力墙与柱、梁连接要牢固可靠，以增强剪力墙抵御地震力的有效性。框架-带缝混凝土剪力墙体系是普通剪力墙上沿竖向浇筑一些不连续的一条或多条竖缝而构成，中间通过剪连接连接。在墙板上浇筑竖向缝槽以改善其抗震能力的设计概念早在20世纪70年代即由日本学者武藤清提出，其目的是为了在风载及正常使用荷载下，带缝墙像普通整截面剪力墙一样工作，这是由于极短的剪连接具有很大的剪切刚度，使结构的刚性性能得以保证。由于带缝墙自身的设计特点，强震下带缝墙的震害将主要集中在缝槽间的剪连接周围，而不像普通剪力墙的破坏集中于墙体根部，大大减轻了震后的修复难度和工作量。框架-钢板剪力墙体系及框架-带缝钢板剪力墙体系基于框架-混凝土剪力墙体系、框架-带缝混凝土剪力墙体系类似的原理，这里不再赘述。

5. 交错桁架体系

交错桁架结构体系是由高度为层高、跨度为建筑全宽的桁架，两端支承在房屋外围纵列钢柱上，所组成的框架承重结构不设中间柱，在房屋横向的每列柱轴线上，这些桁架隔一层设置一个，而在相邻柱轴线则交错布置。在相邻桁架间，楼板一端支承在桁架上弦杆，另一端支承在相邻桁架的下弦杆。垂直荷载则由楼板传到桁架的上下弦，再传到外围的柱子。该体系利用柱子、平面桁架和楼面板组成空间抗侧力体系，具有住宅布置灵活、楼板跨度小、结构自重轻的优点，目前国内尚无设计应用的实例。

6. 框架-核心筒体系

该体系是以卫生间（或楼、电梯间）组成四周封闭的现浇钢筋混凝土核心筒，与热轧H型钢框架结合成组合结构。筒体角部可配置小钢柱以增加延性并方便安装。其优点是结构受力分工明确，核心筒抗侧移刚度极强，主要承担水平荷载（占结构抗侧移总刚度的90％以上）；钢框架主要承担竖向荷载，可以减小钢构件的截面尺寸；由于是现浇核心筒，卫生间的防水性能佳，可有效避免其他结构形式因施工不当容易渗水造成的钢构件锈蚀；可采用滑模施工。施工速度介于纯钢结构和混凝土结构之间，经济上也与钢筋混凝土结构持平。国内已有较多的应用经验，如果建筑结构布置合理，结构抗震设计设防妥当，是值得推广的一种多层住宅结构形式。特别要注意的是，在强震地区，钢框架需满足承担25％总剪力要求的抗侧力，以下对钢框架-混凝土核心筒体系作概略介绍。

（1）体系的构成

钢框架-核心筒体系是由外侧的钢框架和混凝土核心筒构成的，如图2-1-2所示。钢框架与核心筒之间的跨度一般为8～12m，并采用两端铰接的钢梁，或一端与钢框架柱刚接相连另一端与核心筒铰接相连的钢梁。核心筒内部应尽可能布置电梯间及楼梯间等公用设施用房，以扩大核心筒的平面尺寸，减小核心筒的高宽比，增大核心筒的侧向刚度。

钢框架-混凝土核心筒体系的楼面结构，在钢框架与混凝土核心筒之间常采用钢梁上浇筑混凝土板，（可为现浇平板或带压型钢板的现浇板）的组合楼盖。混凝土核心筒里侧常采用普通钢筋混凝土梁板结构，由于核心筒的施工先于钢框架的安装，采用这类梁板结构时不至于影响总进度。当混凝土核心筒采用大模板施工或滑模施工时，也宜考虑采用同核心筒外侧的楼板结构做法。

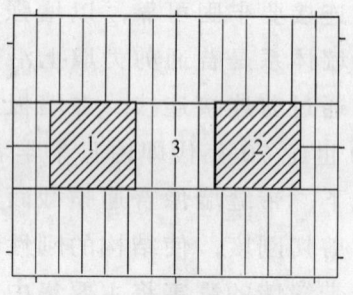

图2-2-1 钢框架-核心筒体系结构布置图
1—内天井核心筒；
2—垂直运输核心筒；3—卫生间

上述体系的柱子可采用箱形截面柱或焊接的H型钢，采用H型钢时，宜使H型钢的强轴方向对应柱弯矩较大的方向。钢梁可采用热轧H型钢或焊接H型钢。

（2）体系的受力特性

钢框架-核心筒体系的受力特性基本相同，它们的受力特性与钢筋混凝土的框剪结构体系也很相似。在水平荷载作用下，混凝土核心筒是主要抗侧力结构，经楼板的变形协调后，钢框架承担少量的水平剪力，混凝土核心筒既承担大部分倾覆力矩又承担大部分水平剪力。由于混凝土核心筒的变形曲线是弯曲型的，而钢框架是呈剪切型的，因此，经楼板的变形协调后，钢框架在顶部的水平剪力将大于下部。

如上所述，这类结构体系在地震的持续作用下，混凝土核心筒进入弹塑性阶段后，墙体产生裂缝，侧向刚度急剧下降，致使钢框架要承担比弹性阶段更大的倾覆力矩和水平剪力，也即对钢框架设计时，要增大其在弹性阶段所承担的水平剪力。

框架梁柱节点、柱脚节点，均应做成刚接构造，楼盖梁与筒体连接应为可靠传力的铰接构造（如图2-2-2），在设防烈度为七度及以下的地区，梁柱节点亦可为铰接构造（如图2-2-3）。

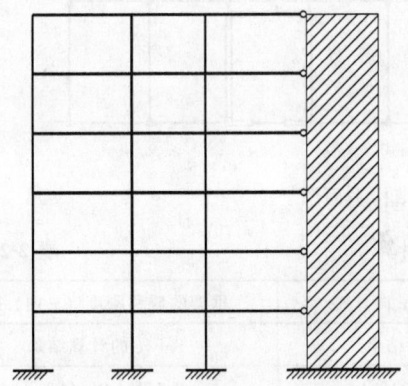

图 2-2-2 楼盖梁与筒体连接铰接构造　　　　图 2-2-3 梁柱节点铰接构造

（3）钢框架-核心筒结构的主要优点

1）侧向刚度大于钢框架结构；

2）结构造价介于钢结构和钢筋混凝土结构之间；

3）施工速度比钢筋混凝土结构有所加快；

4）结构面积小于钢筋混凝土结构。

（4）钢框架-混凝土核心筒结构存在的问题

1）在水平地震作用下混凝土核心筒开裂，将导致结构刚度减小，而加大钢框架的剪力，钢框架需按双重抗侧力体系设防；

2）要进一步分析研究钢框架-混凝土核心筒结构的抗震性能及适当的层间位移限值；

3）需制定本结构体系的专用设计规程，指导抗需设计；

4）混凝土核心筒的施工误差远大于钢结构。

对于第1）项，是指地震作用下框架-混凝土核心筒体系中钢框架的剪力调整问题。《高层民用建筑钢结构技术规程》（JGJ 99—98）作出如下规定："在结构抗震计算分析时，钢框架分配到的水平力取总水平力的25%和按刚度比分配到钢框架水平力的1.5倍中的较小者。"

一般来说，对于多层钢框架-混凝土核心筒结构，钢框架按后者分配到的水平剪力较小。比如，在北京赛博斯公司负责设计施工的青年公寓的项目中，曾取如图 2-2-4 所示的一栋楼进行水平侧移刚度比较，得出的结果如表 2-2-1 所示。

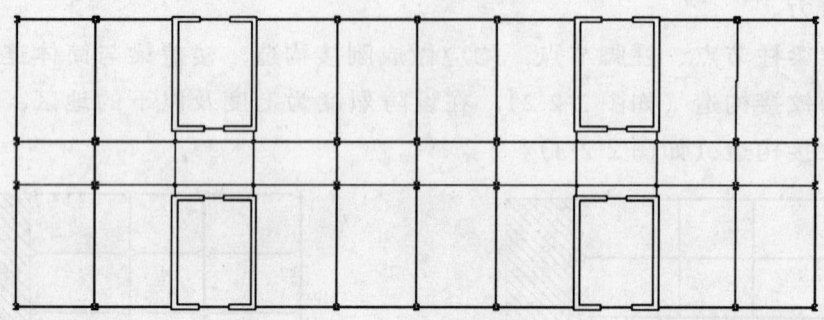

图 2-2-4 某公寓框架结构平面图

水平侧移刚度计算　　　　　　　　　　　表 2-2-1

	框剪的侧移刚度（x 向）B1	剪力墙的刚度（x 向）B2	框架的侧移刚度（x 向）B3
	Satwe 的计算结果	Satwe 的计算结果	Satwe 的计算结果
1F	2.08E+07（100%）	2.00E+07（94%）	8.17E+05（6%）
2F	2.60E+07	2.50E+07	1.02E+06
3F	2.60E+07	2.50E+07	1.02E+06
4F	2.60E+07	2.50E+07	1.02E+06
5F	2.60E+07	2.50E+07	1.02E+06
6F	2.60E+07	2.50E+07	1.02E+06

2.2.3 结构平面和竖向的布置

1. 结构平面布置

工程抗震经验表明建筑结构体型的不规则性不利于结构抗震，甚至将遭受严重破坏或倒塌。因此，设计的建筑结构体型宜力求规则和对称。建筑结构体型的不规则性可分为两类，一是建筑结构平面的不规则，另一个是建筑结构竖向剖面和立面的不规则，而且后一种不规则的危害性更大。

一般来说，结构平面布置有以下几个原则：

(1) 建筑平面宜简单规则，并使结构各层的抗侧力刚度中心与水平作用合力中心接近重合，同时各层接近在同一竖直线上。建筑开间、进深宜统一；

(2) 结构平面形状有凹角，凹角的伸出部分在一个方向的长度不应超过该方向建筑总尺寸的 25%；

(3) 平面宜有两个互相垂直的主轴；

(4) 钢结构住宅不宜设置防震缝。薄弱部位应采取措施提高抗震能力;

(5) 钢结构住宅不宜设置伸缩缝。当必须设置时,抗震设防的结构伸缩缝应满足防震缝要求。

由于目前没有多层钢结构的设计规范,所以其他详细规定请参阅"高钢规程"的相应规定。

2. 结构的竖向布置

一般来说,结构的竖向布置有以下几个原则:

(1) 抗震设防的钢结构住宅,宜采用竖向规则的结构;

(2) 建筑物竖向布置,应使其质量均匀分布,刚度逐渐减小,应避免有过大的外挑和内收。建筑物在立面收进部分时,收进部分尺寸限制在 $b/B \leqslant 0.75$,且 $h/b \leqslant 1$,见图 2-2-5;

(3) 楼层刚度比限制在 $K_i/K_{i+1} \geqslant 0.75$ 或 $K_i/K_{i+3} \geqslant 0.5$(且每层刚度不小于上层的 80%),见图 2-2-6 和图 2-2-7;

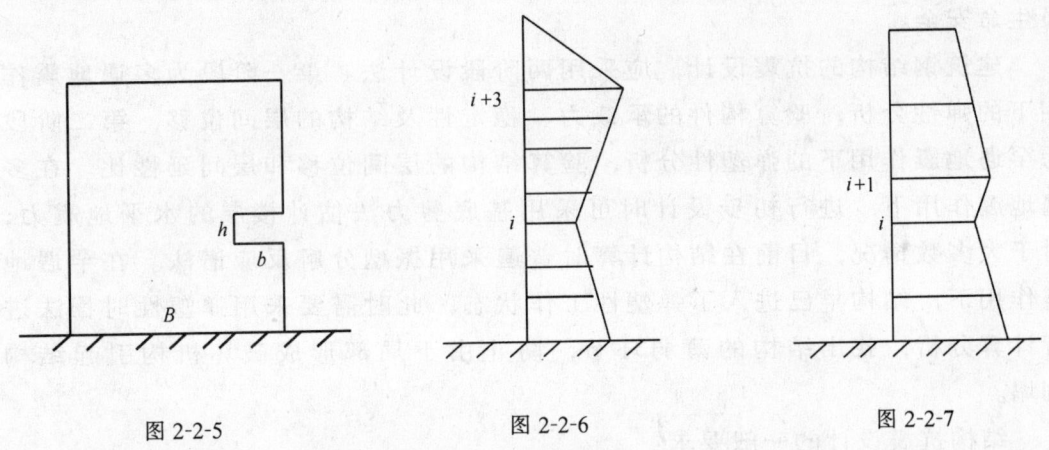

图 2-2-5　　　　　　图 2-2-6　　　　　　图 2-2-7

(4) 每层层间抗侧力结构的承载力一般不宜小于上一层,且竖向抗侧力构件应连续;

(5) 对于阶梯形建筑及有突出塔楼的建筑应考虑高振型的影响;

(6) 钢结构住宅应避免错层。

对于竖向不规则的结构,除了需对结构薄弱部位采取加强措施外,计算时应采用符合实际的结构计算模型和考虑扭转影响,对于特别不规则的结构宜采用弹性时程分析法作补充计算。此外,对于承托非落地柱或非落地抗震墙的梁、柱内力,应按规定对地震作用产生的内力乘以增大系数。

其他详细规定请参阅《高层民用建筑钢结构技术规程》的相应条款。

2.2.4 结构的抗震设计

历次震害表明,地震造成建筑破坏的损失是巨大的。当发生地震时,地面产生剧烈运动,在建筑中引起惯性力,地震烈度越高,这种惯性力即地震力越大。地震力的大小还与建筑物的重量与刚度有关，在同等烈度与场地条件下，建筑的总重量越大，地震力越大；结构的侧向刚度越大、自振周期越短，地震作用也越大。由于地震发生的时间与地震的烈度具有很大的随机性，如果片面强调提高抗震措施，势必引起建造成本的提高，给国民经济造成巨大的负担，所以在我国的《建筑抗震设计规范》（GBJ 50011—2001）中采用了"小震不坏、中震可修、大震不倒"的三水准设防指导思想。第一水准是当高层建筑在其正常使用年限内遭遇发生频率较高、强度较低的地震（50年超越概率为63.2%，比基本烈度低1度半左右）时，应保证建筑物的正常使用，非结构构件不发生破坏，结构处于弹性工作状态。第二水准是在基本烈度地震作用下（50年超越概率为10%），允许达到或超过屈服极限，此时结构构件要有足够的延性，结构不发生破坏，经修复后还可正常使用。第三水准是在罕遇的强烈地震作用下（50年超越概率为2%～3%，比基本烈度高1度左右），结构进入弹塑性大变形状态，非结构构件破坏严重，此时应防止结构倒塌，避免危及人员生命安全。

建筑钢结构的抗震设计，应采用两阶段设计法。第一阶段为多遇地震作用下的弹性分析，验算构件的承载力、稳定性及结构的层间位移，第二阶段为罕遇地震作用下的弹塑性分析，验算结构的层间位移和层间延性比。在多遇地震作用下，进行初步设计时可采用基底剪力法估计楼层的水平地震力；对于大多数情况，目前在结构计算时普遍采用振型分解反应谱法。在罕遇地震作用下，结构早已进入了弹塑性工作状态，此时需要采用弹塑性时程法进行计算分析，找出结构的薄弱环节，防止由于局部形成破坏机构引起结构倒塌。

结构抗震设计的一般要求：

（1）关于建筑物场地，应掌握地震活动情况和工程地质的有关资料，宜选择有利的地段，避开不利地段。对于软土、充填土、新近填土、液化土、不均匀地基、古河道、坑塘等应选择好地基加固方案以及适宜的基础形式，并加强基础的整体性、刚性和其他抗震措施。在地基与基础设计时，应注意相邻建筑的相互影响；

（2）结构的基础应有足够的埋深，且周边应有良好的嵌固约束，在地质均匀条件下，基底平面形心应与上部结构竖向长期荷载重心重合；

（3）结构布置要受力明确，传力直接简单，且地震作用传递途径应合理，并具有明确的计算力学模型；

（4）结构体系应设置多道抗震防线；

（5）结构单元之间应遵守牢固连接或彻底分离的原则；

（6）结构应具有必要的强度、刚度、稳定性、延性、耗能能力和耐久性；

（7）承载力、刚度和延性要适应结构在地震时的动态作用要求，并应均匀连续分布避免局部消弱或突变，以免产生过大的应力集中和塑性变形集中，对可能出现的薄弱部位，应采取措施提高抗震能力。合理控制结构的塑性铰区，掌握结构的屈服过程以及最后形成的屈服机制；

（8）应遵循加强空间整体性、强节点、强锚固、强柱（墙）弱梁、强剪弱弯、防止脆性破坏等抗震概念设计的基本原则；

（9）防止结构在地震中失稳和倾覆；

（10）应重视非结构构件和设备的抗震措施，对于围护墙和隔墙应兼考虑对结构抗震的不利及有利影响，以避免不合理的设置而导致主体结构的危害；

（11）宜积极采用轻质高强材料；

（12）钢结构住宅在抗震设计时，一般可按丙类建筑本地区的设防烈度计算地震作用和设计。

2.2.5 结构节点与构件设计

1. 结构节点设计

钢结构节点设计是关键，节点连接是保证钢结构安全的重要部位，对结构受力有着重要影响，节点必须具有良好的抗震性能，以确保安全可靠，应能满足各种不同高度的钢结构体系相应的强度、刚度和延性的要求。根据世界震害实录表明，许多钢结构都是由于节点首先破坏而导致建筑物整体破坏的，因此节点设计是整个设计工作的重要环节。

节点设计一般应遵循以下原则：

（1）节点受力应力求传力简捷、明确，使计算分析与节点的实际受力情况相一致；

（2）保证节点连接有足够的强度，使结构不致因连接较弱而引起破坏；

（3）节点连接应具有良好的延性，建筑结构钢材本身具有很好的延性，对抗震设计十分重要，但这种延性在结构中不一定能体现出来，这主要是由于节点的局部压曲和脆性破坏而造成的，因此在设计中应采用合理的细部构造，避免采用约束度大和易产生层状撕裂的连接形式；

（4）构件的拼接一般应按等强度原则设计，亦即拼接件和连接强度应能传递断开截面的最大承载力；

（5）尽量简化节点构造，以便于加工，以及安装时容易就位和调整。

对于多层钢结构建筑，我们有以下几点具体建议：

（1）型钢钢柱或方（圆）钢管混凝土柱与钢梁的连接宜采用柱贯通型，其梁柱节点一般应采用刚性节点，连接方法宜采用栓焊连接，梁腹板与柱采用摩擦型高强度螺栓连接，梁翼缘与柱应采用全焊连接。梁连接，其设计尚应按现行国家标准《高层民用建筑钢结构技术规程》（JGJ 99—98）的相应规定设计；

（2）圆钢管柱及节点加强环的设计尚应按《钢管混凝土结构设计与施工规程》（CECS 28:90）相应规定设计，方钢管混凝土柱节点的内隔板尚应按《高层民用建筑钢结构技术规程》（JGJ 99—98）相应规定设计；

（3）钢梁与混凝土剪力墙的连接，应采用铰接节点，在剪力墙端部应设置H型钢，在型钢的翼缘或腹板上焊接节点板，在型钢的节点板高度范围内宜设置横隔板，以加强节点强度，再与钢梁用螺栓连接。

2．柱构件设计

（1）钢梁、钢柱的设计尚应按《钢结构设计规范》GBJ 17—88 和《高层民用建筑钢结构技术规程》（JGJ 99—98）相应规定设计；

（2）当采用钢骨混凝土梁和柱时，尚应按《钢骨混凝土设计规程》（YB 9082—97）相应规定设计；

（3）当采用冷弯薄壁型钢梁和柱时，尚应按《冷弯薄壁型钢结构技术规范》（GBJ 50018—2002）相应规定设计。

3．抗侧力构件设计

（1）抗侧力构件宜利用电梯、楼梯间作成钢骨混凝土核心筒（剪力墙）；

（2）在混凝土核心筒四角和剪力墙端部，应设置H型钢，并配置适当钢筋，形成暗柱。并应在每层用角钢将竖向H型钢连接；

（3）核心筒每层应设置暗框梁；

（4）核心筒剪力墙的水平筋应绕过H型钢，牢固锚入角部暗柱内；

（5）混凝土剪力墙尚应按国家现行标准《高层建筑混凝土结构技术规程》（JGJ 3—2002）的相应规定设计；

（6）当采用钢支撑时，尚可参照《高层民用建筑钢结构技术规程》（JGJ 99—98）相应规定设计。

4．楼盖结构

（1）楼盖结构可根据承载力、刚度、抗震设防和建筑功能要求，选用压型钢板组合楼板、现浇钢筋混凝土组合楼板、混凝土叠合板组合楼板和预制混凝土板等；

（2）组合楼板应按有关标准采用抗剪连接件与钢梁连接。叠合板及预制板应设埋件与钢梁焊接，板缝宜按抗震构造埋设钢筋；混凝土叠合板的现浇层不宜小于5cm，界面应有可靠的结合。各种楼板均应与剪力墙或核心筒有可靠的传力连接；

（3）有抗震设防要求的构件及连接，除应根据《钢结构设计规范》（GBJ 17—88）按最不利荷载组合效应进行弹性设计，还应根据《建筑抗震设计规范》（GBJ 50011—2002）或《高层民用建筑钢结构技术规程》（JGJ 99—98）进行极限承载力计算。

2.2.6 结构整体计算

1．一般荷载

（1）楼面和屋顶活荷载以及雪荷载的标准值及其准永久系数，应按现行国家标准《建筑结构荷载规范》（GBJ 50009—2001）的规定采用；

（2）楼面装修荷载应按实际考虑，一般情况不宜小于 $0.8kN/m^2$。

2．地震作用

（1）各地区应根据《建筑抗震设计规范》（GBJ 50011—2001）规定的抗震设防烈度和设计地震分组计算地震作用；

（2）钢结构住宅建筑抗震设计时，第一阶段设计应按多遇地震计算地震作用，第二阶段设计算应按罕遇地震计算地震作用；

（3）钢结构住宅的设计反应谱应根据结构体系的不同，选用相应的地震反应谱，可按下列原则选用：

当为纯钢结构或采用钢支撑（含钢管混凝土支撑），地震设计反应谱应按《高层民用建筑钢结构技术规程》（JGJ 99—98）第4.3.3条规定选用，阻尼比为 0.02；

当主要抗侧力构件为RC结构时，地震设计反应谱应按《建筑抗震设计规范》（GBJ 50011—2001）第4.1.4条规定选用，阻尼比可取 $0.04\sim0.05$。

3．抗震计算

（1）一般情况下，可在建筑结构的两个主轴方向分别考虑水平地震作用，并进行抗震验算，各方向的水平地震作用应全部由该方向抗侧力构件承担；

（2）有斜交抗侧力构件的结构，宜分别考虑各抗侧力构件方向的水平地震作用并进行验算；

（3）质量和刚度明显不均匀，只有一个或无对称轴的结构，应考虑水平地震的扭转影响；

（4）选用的计算程序应符合本工程的结构形式与特点，并应检查程序是否符合现行规范详细要求；

（5）采用振型分解反应谱法时，一般情况下可取3个振型，当建筑物较高，或结构沿竖向的刚度很不均匀时，可取5至6个振型，当需作平扭耦联计算时，可取 $9\sim15$ 个振型。突出屋面的小塔楼作为单独的质点按振型分解反应谱法计算时，当取3个振型计算地震作用效应时可再乘以放大系数1.5，当取不小于6个振型时，求出的地震作用效应不必再放大；

（6）钢结构按弹性刚度计算的自振周期，地震作用应考虑填充墙对自振周期的影响。折减系数应根据围护墙和隔墙的材料特性，可取 $0.6\sim0.9$；

(7) 在结构内力与位移计算中,现浇混凝土楼面和装配整体式混凝土楼面的面外刚度可以通过楼面梁刚度放大系数予以考虑。楼面作为梁的翼缘,每一侧翼缘的有效宽度不宜大于板厚的 6 倍。楼面梁刚度放大系数可取 1.5~2.0。当采用压型钢板组合楼盖中的梁惯性矩,对两侧有楼板的梁宜取 $1.5I_b$,对仅有一侧有楼板的梁宜取 $1.2I_b$,I_b 为钢梁惯性矩;

(8) 一般情况下,楼板在平面内的刚度,在计算中可视为无限刚性,相应地在设计时应采取必要的措施保证楼面的整体刚度。但当楼面会产生较明显的面内变形时(如环行楼面、开大洞、狭长外伸段、局部变窄等),宜考虑楼板面内变形的影响,适当调整计算结果(有条件时,计算时考虑楼板面内变形的影响);

(9) 建筑结构楼面梁受扭计算中应考虑楼板对梁的约束作用。当计算中未考虑楼面对梁扭转的约束作用时,可对梁的计算扭转予以适当折减。梁扭矩折减系数应根据楼面的整体性能进行确定,可取 0.4~1.0;

(10) 在内力与位移计算中,应考虑相邻层竖向构件的偏心影响。楼面梁与柱子的偏心可精确考虑或采用柱端附加弯矩的方法予以近似考虑;

(11) 复杂平面和立面的剪力墙结构,宜采用合适的计算模型进行分析。当采用有限元模型时,应在复杂变化处合理地选择和划分单元;当采用杆件类单元时,宜采用施工洞或计算洞方法进行适当的模型化处理。

4. 结构在风荷载作用下的侧移要求

(1) 结构在风荷载作用下,顶点质心位置的侧移不宜超过建筑高度的 1/500;质心层间侧移不宜超过楼层高度的 1/400。对于以钢筋混凝土结构为主要抗侧力构件的高层钢结构的位移,应符合国家现行标准《高层建筑混凝土结构规程》(JGJ 3—2002)的有关规定;

(2) 结构平面端部构件最大侧移不得超过质心侧移的 1.2 倍;

(3) 建筑钢结构在风荷载作用下的顺风向和横风向顶点最大加速度,应满足下列关系式的要求:住宅式公寓建筑 a_W(或 a_{tr})$\leqslant 0.20 \text{m/s}^2$。

(4) 结构在地震作用下的侧移要求:

结构在第一阶段抗震设计时的层间侧移标准值,不得超过结构层高的 1/250。以钢筋混凝土结构为主要抗侧力构件的结构,其侧移限值应符合国家现行标准《高层建筑混凝土技术规程》(JGJ 3—2001)的规定;

结构平面端部构件最大位移,不得超过质心侧移的 1.3 倍;

纯钢结构建筑的第二阶段抗震设计,应满足下列要求:

结构层间位移不得超过层高的 1/70;

结构层间位移延性不得大于表 2-2-2 的规定。

结构层间位移延性比　　　　　　　　表 2-2-2

结 构 类 别	层间侧移延性比
钢框架	3.5
偏心支撑框架	3.0
中心支撑框架	2.5

2.2.7 基础设计

1．基础的选型

（1）钢结构住宅的基础形式，应根据上部结构、工程地质条件、施工条件等因素综合确定，宜选用独立基础加拉梁、十字交叉条形基础、筏基、桩基或复合基础；

（2）钢柱脚宜采用埋入式或外包柱脚，应作成刚性节点。

2．埋入式柱脚的埋深，对轻型钢柱，不得小于钢柱截面高度的 2 倍，对于热轧 H 型钢柱和箱形（圆形）柱，不得小于钢柱截面高度（直径）的 3 倍。

3．埋入式柱脚底板应用预埋锚栓连接，必要时埋入部分柱身上可置抗剪键传递柱子承受的拉力。灌入的混凝土可为微膨胀细石混凝土，其强度等级应高于基础混凝土。

4．外包式柱脚的外包混凝土高度与埋入式柱脚的埋入深度要求相同。

5．外包式柱脚底板位于基础顶面，用预埋锚栓连接；混凝土外包部分的柱身上可设置栓钉，保证外包混凝土和柱的共同工作。柱脚部位的轴拉力由预埋锚栓传递，弯矩由混凝土承压部分和锚栓共同传递。

2.3 钢结构住宅施工

2.3.1 钢结构的制作

1．一般要求

（1）多层民用住宅钢结构必须由具有相应资质的钢结构加工制作单位编制施工详图和加工制作。钢结构制作前，应根据设计文件、施工详图的要求以及制作厂的条件编制制作工艺，工程质量应符合现行《钢结构工程施工质量验收规范》（GB 50205—2001）的规定，对钢结构的焊接，应符合现行《建筑钢结构焊接规程》（JGJ 81—91）的规定；

（2）在钢结构的制作过程中，如需修改设计图时，必须取得原设计单位同意并签署设计变更；

（3）在制作过程中，应严格按工序检验，合格后，方可进行下道工序的加工；

(4) 钢材及连接材料（焊条、焊丝、焊剂、高强度螺栓、圆柱头焊钉、粗制螺栓、普通螺栓等）和涂料（底漆及面漆等）均应附有质量证明书，并符合设计文件的要求和国家标准的规定；

(5) 如对钢材、连接材料和涂料有疑义时，应抽样检验，其结果符合国家标准的规定和设计文件的要求时方可采用。

(6) 放样、号料和切割

1) 多层钢框架等构件应根据批准的施工详图放出足尺节点大样下料；

2) 放样与号料时，应根据工艺要求预留制作与安装所需的焊接收缩量及切割刨边和铣平等的加工余量；

3) 零件的切割优先采用精密切割，也可采用自动、半自动或手工切割，其切割和号料线的允许偏差控制在规定的范围内；

4) 宽翼缘型材的下料，宜采用锯切；

5) 碳素结构钢工作地点温度低于 -20℃，低合金结构钢工作地点温度低于 -15℃时，不得剪切和冲孔。

2．矫正弯曲和边缘加工

(1) 碳素结构钢和低合金结构钢允许冷加工和冷弯曲，但碳素结构钢工作地点温度低于 -16℃，低合金结构钢工作地点温度低于 -12℃时，不得冷矫正和冷弯曲；

(2) 零件、部件冷矫正和冷弯曲的曲率、变曲矢高应符合有关参数限值（管径与厚度比、构件宽（高）度与曲率半径比等）的要求；

(3) 碳素结构钢和低合金结构钢，允许加热矫正，其加热温度严禁超过正火温度（900℃）。加热后的低合金钢必须缓慢冷却；

(4) 零件热加工时，加热温度为 1000～1100℃（钢材表面呈现淡黄色）；碳素结构钢温度下降到 500～550℃之前（钢材表面呈现蓝色）和低合金结构钢温度下降到 800～850℃之前（钢材表面呈现红色）应结束加工，并应使其加工件缓慢冷却；

(5) 钢材矫正后的偏差应在其允许的范围之内；

(6) 焊接坡口加工宜采用自动切割、半自动切割、坡口机、刨边等方法进行，其坡口角度和各部分尺寸应符合设计及国家标准的要求，其偏差应在允许的范围内。

3．组装

(1) 组装前，连接表面及沿焊缝每边 30～50mm 范围内的铁锈、毛刺和油污等必须清除干净；

(2) 定位点焊的焊接材料与正式焊接的材料相同，点焊高度不宜超过焊缝高度的 2/3。

4．焊接

（1）焊接前，应根据结构特点和焊接工艺规定的焊接顺序、方法和措施，确定具体的焊接参数，保证焊接质量；

（2）从事钢结构各种焊接工作的焊工，应经过考试并取得合格证后方可施焊；

（3）焊接材料应与母材相匹配，当焊接不同强度等级的钢材时，应按强度较低的钢材选择材料；

（4）对全熔透焊缝，应根据具体情况采用相应的坡口形式，并应进行超声波探伤检查。

5．制孔

（1）为保证钢构件的安装精度和穿孔率，宜优先采用模板制孔；

（2）孔周围的毛刺、飞边，应用砂轮等清除；

（3）孔径及孔间距离的偏差，应在允许的规定范围内；

（4）如成孔后经检验需要扩钻孔或焊补后重新钻孔，必须征得设计的同意，补孔应用与母材材质相同的焊条焊补，然后用砂轮打平。每组孔中焊补重新钻孔的数量不得超过20％，处理后均应作出记录。

6．摩擦面的加工

（1）采用高强螺栓连接时，应对构件摩擦面进行加工处理，处理后的抗滑移系数应符合设计要求；

（2）经过处理的摩擦面应采取防油污和损伤的保护措施；

（3）制作厂应在钢结构制作的同时进行抗滑移系数试验，并出具报告。出厂时必须附有同材质同处理方法的试件，以供复验摩擦系数。

7．防锈、涂层、编号及发运

（1）钢结构的除锈和涂底工作，必须在质检部门对制作质量合格认定后方可进行；

（2）宜采用喷砂、抛丸对钢构件表面进行处理，使钢材表面露出金属光泽；

（3）钢结构的防锈底涂料和面涂料及涂层厚度应符合设计要求，涂料应配套使用；

（4）施工图中注明不涂层的部位均不涂刷，安装焊缝处应留出30～50mm宽的范围暂不涂刷；

（5）涂层完毕后，应按施工图在构件明显部位进行编号标注；

（6）构件发运时，应采取措施防止变形。

8．构件验收

（1）构件制作完毕后，构件制作单位检查部门应会同设计、监理等有关方面，根据施工详图的要求和有关规范，对成品进行验收，成品的外形和几何尺寸的偏差应在允许的范围内；

(2) 构件出厂时，制造单位分别提交产品质量证明及下列技术文件：

1) 所有钢材、其他材料的质量证明书及必要的实验报告；

2) 制作中设计变更文件、钢结构施工图，并应在图中注明修改部位；

3) 高强度螺栓抗滑移系数的实测报告；

4) 发运构件的清单。

2.3.2 钢结构的安装

1. 钢结构安装的准备

(1) 施工组织设计。

(2) 施工前的检查。

施工前的检查包含以下内容：

1) 钢构件的验收；

2) 施工机具及测量器具的检查；

3) 基础的复测。

2. 钢结构安装中的稳定问题

钢结构构件是在特定的状态下使用的，在相对较为随机的施工状态下，其系统或构件的稳定条件会发生较大的变化。所以在安装时，要充分考虑它在各种条件下结构的单体稳定和结构整体稳定的问题，以确保施工的安全。

结构的单体稳定是指一个构件在工地堆放、起板、吊装、就位过程中发生的弯曲、弯扭破坏和失稳。因而对薄而大的构件均应考虑这一问题。结构整体稳定问题是指结构在吊装过程中支撑体系尚未形成，结构就要承受一定的荷载（包括自重）。所以在拟定吊装顺序时必须充分考虑这一因素，保证吊装过程中每一步构件都是稳定的。

3. 钢结构安装连接问题

钢结构安装连接主要是普通螺栓的连接、高强螺栓的连接及工地焊接等。具体标准应符合《钢结构工程施工质量验收规范》（GB 50205—2001）的要求。

2.3.3 钢结构的验收

(1) 分项工程的验收：按钢结构制作和安装中的主要工序进行划分；

(2) 分部工程的验收：按钢结构制作和安装中的空间刚度单元来划分；

(3) 单位工程的验收：指独立而完整的工程单位的验收。

2.4 存在的问题及展望

2.4.1 存在的问题

我国轻钢结构经过近几年的发展，已经形成一定的规模，但同时还存在许多问题，如：产业布局不合理，生产厂家多集中在东南沿海地区，华北、东北、西北、西南地区厂家较少；规模化经营效果差，国内多为小型或中等规模钢结构企业，市场竞争力较差，规模较大的企业多为外国公司，如 ABC、巴特勒、冠达尔等；国内市场竞争主要集中在门式刚架轻钢结构和金属拱型波纹屋盖钢结构领域，而涉及市场潜力较大的多层轻钢民用建筑体系领域的厂家却相对较少。同时，在大规模的工程实践过程中，广大工程技术人员（特别是设计人员）遇到诸多技术问题，亟待钢结构专业研究人员研究解决，主要表现在如下几个方面。

1．总体技术问题

(1) 统一的设计规范（程）和产品标准的制定；

(2) 高强度结构钢材及其焊接材料的开发研制；

(3) 热轧型材（特别是 H 型钢）产品的完善和配套；

(4) 制作加工和施工队伍的专业化、自动化、标准化。

2．门式刚架轻型房屋钢结构

(1) 端板连接节点的承载性能研究；

(2) 焊接形式对构件承载性能的影响；

(3) 刚架构件的非线性设计理论与实用方法；

(4) 大偏心基础的设计与研究；

(5) 在大跨度和大空间建筑中的应用研究；

(6) 大吨位吊车下刚架的轻型化设计；

(7) 多跨多台吊车的不利工况组合；

(8) 刚架梁柱整体与局部稳定的相关性；

(9) 蒙皮效应对结构承载性能的影响。

3．多层轻型房屋钢结构

(1) 合理有效的承重结构体系选择；

(2) 连接节点的设计及其抗震性能；

(3) 组合楼盖对侧向刚度的影响及其应用研究；

(4) 支撑、剪力墙等抗侧力体系的性能研究；

(5) 组合扁梁及在大开间建筑中的应用；

(6) 薄壁箱形柱的设计与施工；

(7) 热轧 H 型钢在多层轻钢结构中的应用推广；

(8) 完善实用的专业设计软件开发；

(9) 高效的内外围护系统开发研制；

(10) 防火、防腐及保温、设备安装等有效措施。

4．金属拱型波纹屋盖钢结构

(1) 统一的简化设计方法；

(2) 下部支承四面开敞时的风荷载体形系数的确定；

(3) 拱型屋盖结构半跨雪荷载的分布形式及分布系数；

(4) 几何形状偏差等缺陷对承载性能的影响；

(5) 索支承加固对承载性能及局部稳定的影响；

(6) 支座连接形式及支座变形对拱承载性能的影响；

(7) 大偏心基础及大偏心压弯柱的设计；

(8) 风动力响应分析及其在设计中的应用；

(9) 防火、防腐及采光、通风和保温等有效措施。

2.4.2 发展趋势

1. 设计方法和理论研究的进一步完善

轻钢结构是近几年在国内刚发展起来的新型结构，相应的技术规范、规程的编制工作相对滞后，多数设计人员钢结构知识陈旧，缺乏相关培训，对轻钢结构设计理论和计算方法不熟悉，且受传统钢结构设计思想束缚，导致设计用钢量高于国外同类结构。另外我国轻钢结构的理论和试验研究尚不够深入，对诸多技术问题尚不能提出合理实用的解决方案，工程技术人员往往感到无所适从。

2. 新型材料的应用与建筑构造处理

国内主体结构的钢材仍以 Q235 和 Q345 等低强度钢为主，围护结构所用的冷弯薄壁型钢和镀锌钢板也多为 Q235 钢，而且大截面的冷弯型钢市场供货较少；而国外主体结构的钢材多采用高强度钢，冷轧彩板、镀锌或镀铝锌钢板也采用高强钢材。轻钢结构的主要承重构件一般由较薄的钢板加工而成，其防腐和防火处理是结构设计中必须考虑的关键技术问题。对于钢结构的防腐目前国内通行做法是采用防锈漆，而且使用一定时期后要重新刷漆，结构维护工作量相当大。另外对于非外露的部位，重新刷漆也很困难。轻钢结构的防火处理一般都是在板件表面喷刷防火涂料或防火漆，这无疑会增加建设成本（占钢结构总成本的 10%～20%）。目前设计人员力图通过建筑构造做法使钢结构表面不外露，从而降低或减少防火处理费用。在围护结构的应用方面，还存在着彩色压型钢板耐久性和屋面漏水等方面的问题。

国内彩色压型钢板多采用镀锌板，虽然其涂层技术正不断完善，但其使用寿命与主体结构（一般为 50 年）相比还是相差甚远；国外现在主要采用镀铝锌钢板、铝板或不锈钢板来提高围护结构使用寿命，同时还采用专利涂层墙板和屋面板来解决结露和积尘问题。为避免屋面漏水，目前通常的做法是采用无螺钉孔的屋面系统（锁边板或扣板）。

在公共建筑中采用钢结构，可以应用外露弧形构件、蜂窝梁和钢管结构来表现建筑艺术；大面积采用保温型玻璃围护结构加强建筑物的通透性和自然采光率，不仅可增强建筑物的表现力，而且符合节能和环保原则。

在建筑构造处理、建筑配件选用等方面，目前国内多由各生产厂家自行处理，这使得工程质量往往难以保证。建筑构造处理问题不仅牵扯建筑使用功能，而且如果处理不当还会影响建筑物的安全（国内曾经发生过因柱间支撑设置不当而导致结构在台风中倒塌的事故），所以国家有关部门应尽快组织编制轻钢结构标准图集，以规范其构造处理。

3. 制作安装队伍的自动化与专业化

轻钢结构的制作安装是专业性很强的技术工作，不仅需要专用生产线，而且对从业人员的教育程度、专业水平和操作技能有相当高要求，这需要有一定的工程实践和经验积累，而非普通工人经过简单培训就能胜任的。目前我国除为数不多企业有新建的代表先进工艺的生产线外，大多数钢结构企业的生产线工艺落后、加工精度低。施工单位技术水平良莠不齐，且多为半路出家，缺少必要专用设备和技术培训，这使得安装工期和质量难以保证，不仅体现不出轻钢结构施工速度快的优势，而且造成一些恶性工程事故。

我国的钢结构施工与验收规范不仅对制作和安装工艺及质量控制做出了明确规定，而且严格规定了对焊接人员的考核和资格认证要求。从事轻钢结构制作和安装的人员和单位必须具备国家技术监督部门和资质认证机构颁发的资质证书，这是确保工程质量的基本要求。

减少轻钢结构设计、制作和安装的中间环节是提高工程质量，保证工期的重要举措。轻钢结构工程涉及的部门很多，一个项目的运作效率直接影响着整个工程的质量和效益，因此各部门间的信息交流、工艺配合和技术协调是保证项目质量的关键。国外的轻钢公司一般都是总承包公司，为客户提供从工程可行性分析到项目后期维护的全方位服务。我国工程设计和施工是脱钩的，设计工作由设计院完成，施工则有专门的施工企业。若设计和施工单位之间存在利益上的冲突和配合上不协调，都势必造成项目运作的低效率。国家有关管理部门已注意到这个问题，建设部设计司已着手进行施工企业轻钢结构专项设计资质的申报和评定工作，将轻钢结构的设计权利下放给有实力有经验的施工企业，使其有资格成为总承包公司，实行项目统一管理，从而合理调配各种资源，在保证质量和工期的前题下也可为公司和建设方带来最佳的经济效益。

2.4.3 有待研究的问题

1. 适用的结构体系与选型的研究

研究轻钢结构对住宅建筑的适用性；研究轻钢结构或组合结构构件布置与选材；研究轻钢建筑的结构计算理论，例如研究主结构空间有限元建模并作线性分析，在特殊情况下作非线性分析，以及研究钢框架与混凝土剪力墙或核心筒组合结构在抗震工作中整体工作性能、变形协调、合理的侧力计算等。

2．构件与节点的设计研究

主要是定型化、标准化、模数化研究，以便能满足工业化生产的要求。国内最新的标准对普通钢结构设计规范（GBJ 17—88）中的许多限制作了适当的放松和放宽，这里涉及轻钢梁、柱的强度和稳定性设计，支撑设计等。另外，钢-混凝土组合梁、板的设计，H型钢暗梁（隐形梁）的设计，圆形截面、矩形截面钢管混凝土的设计，角部加钢柱的核心筒设计，以及柱-柱、梁-柱、梁-梁节点设计，梁与剪力墙、核心筒的节点设计等，也需深入研究。此外，适当的构造措施也需加以研究。

3．结构优化设计的研究

目的是降低用钢量，提高性能价格比。例如钢框架-支撑体系，如何设置中心支撑或偏心支撑，还需要研究支撑的最佳位置、最佳数量、最佳形式，以得到较强的抗侧移刚度和较好的延性及耗能性能，使包括梁、柱、支撑在内的总体用钢量达到最佳。

4．软件的开发研究

目前国内已经开发出多个钢结构 CAD 软件，如 PKPM 系列的 SETWE、3D3S 和 M&T STEEL 等；国外引进的有 STAAF、STRAP 及一些通用结构分析软件，如 SAP.X 及 ANSYS 等。但在住宅结构分析、设计的适用性；较为复杂的空间结构的建模；完成主结构、次结构及详图设计、排版出图；附件配置、材料统计等方面尚存在一些欠缺，需要继续开发、完善。

2.4.4 瞻望

随着我国国民经济的快速发展和钢材产量的增加，开发和发展钢结构建筑成为我国建筑行业发展的一个重要方向。国家在"十五"规划中针对建筑行业明确提出要实现住宅产业现代化。而且根据建设部的法规要求，沿海大中城市近期将取消粘土砖房屋，开发新的结构体系迫在眉睫。作为住宅而言，量大而面广的是六层及以下的建筑，作为一种新型的建筑材料，钢结构在抗震、结构延性、减低结构自重、建筑空间布局、缩短施工周期、实现住宅的工业化生产等方面有着明显的优势。建设部近年来也是极力推进钢结构住宅的产业化，指导钢结构住宅向着构配件生产的工业化，施工的机械化方向发展，并多次下发文件以利钢结构住宅体系的整体配套研究、开发和推广应用。

住宅产业化是我国住宅业发展的必由之路，住宅产业将成为推动我国经济发展的新的增长点。而住宅产业化的前提是具备与住宅产业化相配套的新技术、新材料和新体系。

钢结构住宅体系易于实现工业化生产，标准化制作，而与之相配套的墙体材料可以采用节能、环保的新型材料。因此，钢结构住宅体系成套技术的研究成果必将大大促进住宅产业化的快速发展，而且该成套技术是住宅产业化的核心技术之一，其研究成果的水平直接影响着我国住宅产业的发展水平和发展前途。

钢结构体系住宅成套技术以新产品和新技术两种形式产出。新产品需在具备良好生产条件能满足需求技术水平的指定企业进行生产，由少量试生产到规模批量生产，形成完整的质量保证体系，确保质量的稳定。对推动我国住宅产业化步伐，具有重要的理论意义和工程实用价值。综上所述，轻钢结构住宅体系应成为我国当前住宅建设发展的趋势。国务院办公厅转发建设部等部门《关于推进住宅产业现代化提高住宅质量若干意见的通知》（国办发［1999］72号文）也特别强调了钢结构住宅体系的发展方向。因此，开发具备综合优势的轻钢住宅，必将有力推进我国住宅建设的规模化和产业化发展。

2.5 【工程实例】北京信息产业开发区某住宅楼

2.5.1 结构布置及设计计算

1．建筑特征

（1）建筑面积：5700m^2；

（2）层数：6层；

（3）地下室：无；

（4）层高：2.8m，顶层2.9m。

2．自然条件

（1）抗震设防烈度：8度；

（2）基本风压：$w_0 = 0.35kN/m^2$；

（3）基本雪压：$s_0 = 0.30 kN/m^2$；

（4）标准冻深：$z_0 = 1.0m$；

（5）场地土类别：Ⅱ类。

3．结构体系

钢筋混凝土核心筒-钢框架。

4．结构基本概况

（1）楼板：80mm厚现浇钢筋混凝土楼板，混凝土强度等级C20。

（2）钢框架部分：

1）基本截面尺寸

柱（mm）：H200×200×12×8，梁（mm）：H250×125×9×6，均为热轧型钢。

2）钢号：梁Q235，柱16Mn（Q345）。

3) 节点形式：梁柱刚接，采用栓焊混合连接。

(3) 剪力墙部分

墙厚：200mm，混凝土强度等级 C25。

(4) 非结构构件

1) 外墙：250mm 厚加气混凝土砌块。

2) 内墙：分户墙、卫生间、厨房、楼梯间为 150mm 厚加气混凝土砌块，其余户内分隔墙为 100mm 厚轻钢龙骨石膏板墙。

5．基本计算假定及计算参数的选取

(1) 楼板为刚性楼板，即：在平面内刚度无限大，平面外刚度为零；

(2) 框架-核心筒在水平力作用下协同工作；

(3) 框架节点为刚性节点，框架梁与剪力墙连接为铰接，柱脚为刚接；

(4) 对称结构不考虑扭转耦联作用；

(5) 由于是多层结构，将垂直荷载一次作用在框架上，内力分析时不考虑施工模拟；

(6) 因剪力墙为主要抗侧力构件，计算地震作用时不采用钢结构地震影响曲线；

(7) 计算地震作用时，活载折减系数为 0.5，计算柱、基础时活载不折减（也可以按规范折减）；

(8) 框架抗震等级三级，剪力墙抗震等级二级；

(9) 柱计算长度按无侧移考虑。

6．荷载取值

(1) 楼面活载：$1.5\ kN/m^2$；卫生间、厨房、楼梯间活载：$2\ kN/m^2$；

(2) 屋面活载：$0.7\ kN/m^2$；

(3) 石膏板墙做为恒载，经计算折算到楼面上为 $0.2\ kN/m^2$；

(4) 加气混凝土墙做为外荷载单独输入（线荷载或集中力）；

(5) 恒载取值：按材料及做法计算。

7．结构整体计算

见图 2-5-1（计算软件采用建研院 TAT 结构三维分析软件，前处理用 STS 进行）。

8．计算结果及其分析

(1) 结构总质量：4044t（其中活载按 1/2 考虑为 391t）。

单位面积质量：$4044/5700 = 0.71 t/m^2$。

(2) 地震周期：

X 向：$T1 = 0.4332$ (s)　　　$T2 = 0.0834$ (s)　　　$T3 = 0.0356$ (s)

Y 向：$T1 = 0.4167$ (s)　　　$T2 = 0.1045$ (s)　　　$T3 = 0.0501$ (s)

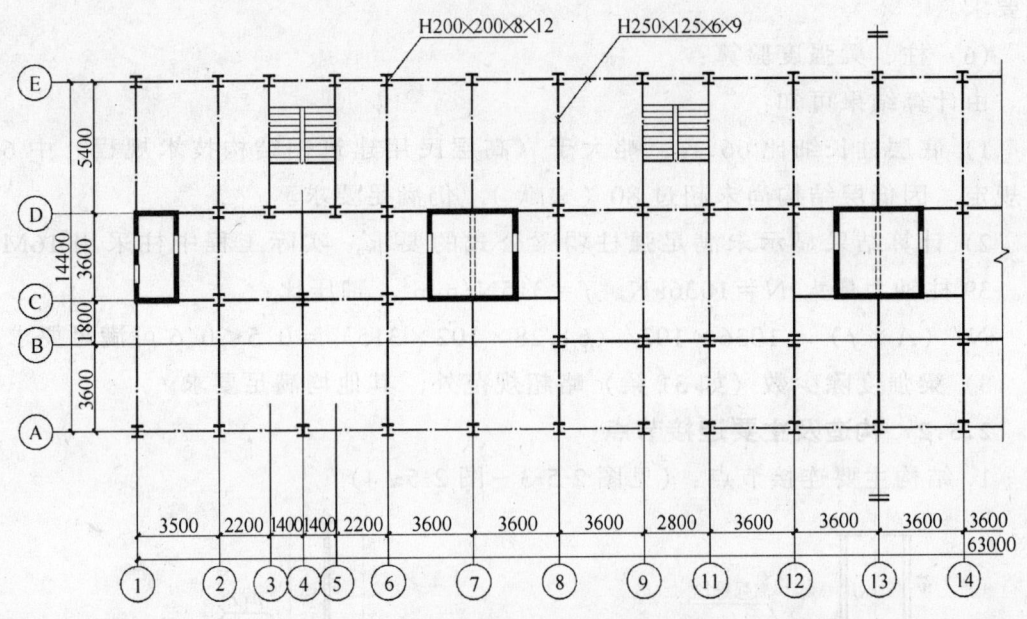

图 2-5-1 结构布置图

振型曲线：见图 2-5-2。第一振型明显为剪力墙的弯曲型曲线，剪力墙是主要抗侧力结构。

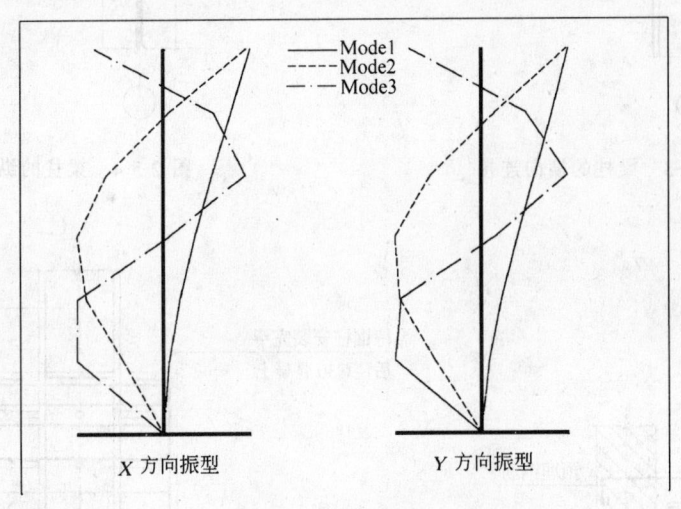

图 2-5-2 振型曲线

（3）总地震剪力：

X 向：$Q_{ox} = 3488$ （kN） 占总重力的 8.63%

Y 向：$Q_{oy} = 3755$ （kN） 占总重力的 9.28%

（4）总倾覆力矩：

$M_{ox} = 43474$ （kN·m） $M_{oy} = 46354$ （kN·m）

（5）地震作用下，层间位移最大值：1/1643，总位移：1/2211，均满足规范要求。

(6) 柱、梁强度验算：

由计算结果可知：

1) 底层柱长细比66.14，略大于《高层民用建筑钢结构技术规程》中60的规定，因低层结构尚未超过80（文献），仍满足要求。

2) 计算结果显示未满足强柱弱梁公式的要求，实际工程中柱采用16Mn钢。39柱轴力最大$N=1036kN$，$f=315N/mm^2$，轴压比：

$N/(A \times f) = 1036 \times 10^3/(64.28 \times 10^2 \times 315) = 0.5 < 0.6$ 可满足要求。

3) 梁强度除少数（如31梁）略超规范外，其他均满足要求。

2.5.2 构造及主要连接节点

1．结构主要连接节点：（见图 2-5-3～图 2-5-14）

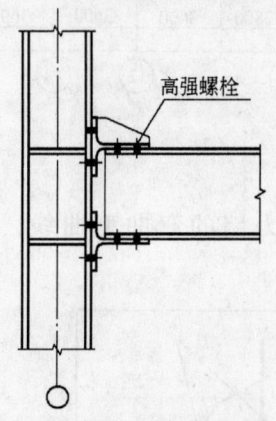

图 2-5-3 梁柱的横向连接

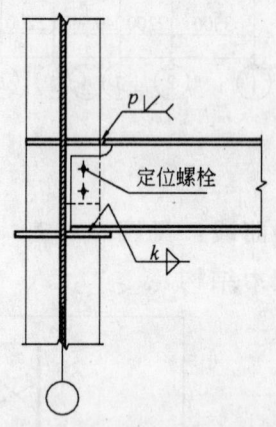

图 2-5-4 梁柱的纵向连接

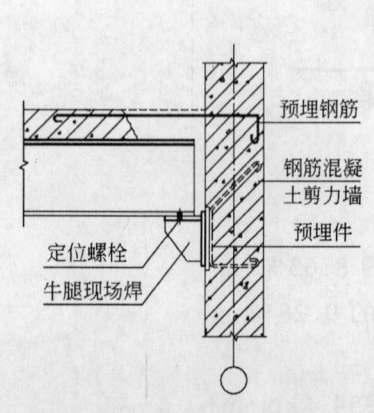

图 2-5-5 钢梁与剪力墙的连接

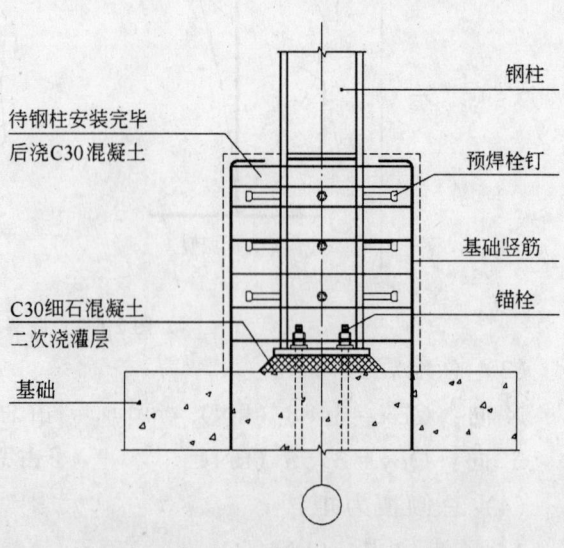

图 2-5-6 钢柱柱脚

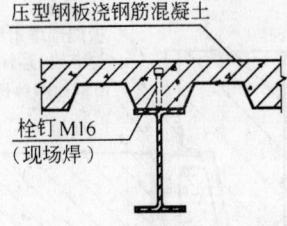

图 2-5-7 楼板与钢梁的连接

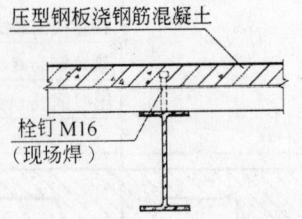

图 2-5-8 楼板与钢梁的连接（正交）

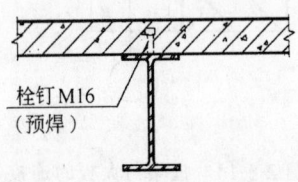

图 2-5-9 钢梁与现浇平板连接（平行）

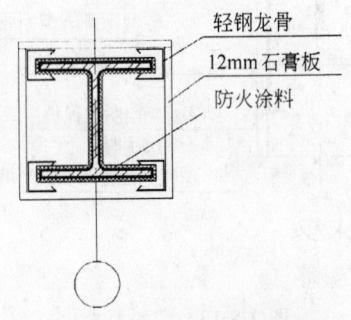

图 2-5-10 独立钢柱防火

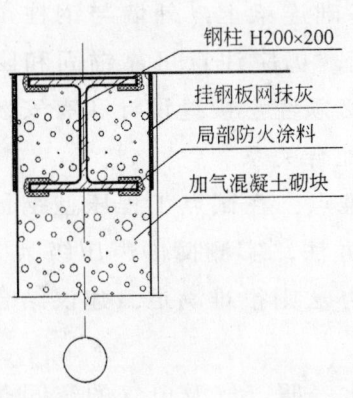

图 2-5-11 分户墙外端柱

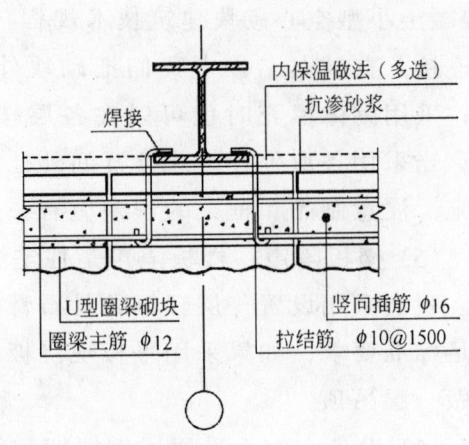

图 2-5-12 外墙与钢柱连接

2．建筑构造

(1) 设计标准：应按照《住宅设计规范》（GB 50096—1999）和该规范所指引的防火、日照、节能、燃气等有关规范以及一些地区性标准。

(2) 防火：一般住宅耐火等级按二级，钢框架构件的耐火时间为柱 2.5h，梁 1.5h，我们在设计中采用砌体包覆或防火涂料的办法来处理；楼板采用压型钢板方案时，如只做模板使用可不做防火处理。

(3) 保温隔热：在试点工程中我们采用了外墙砌块内抹 FGC 复合隔热层的办法，经实测满足节能要求。

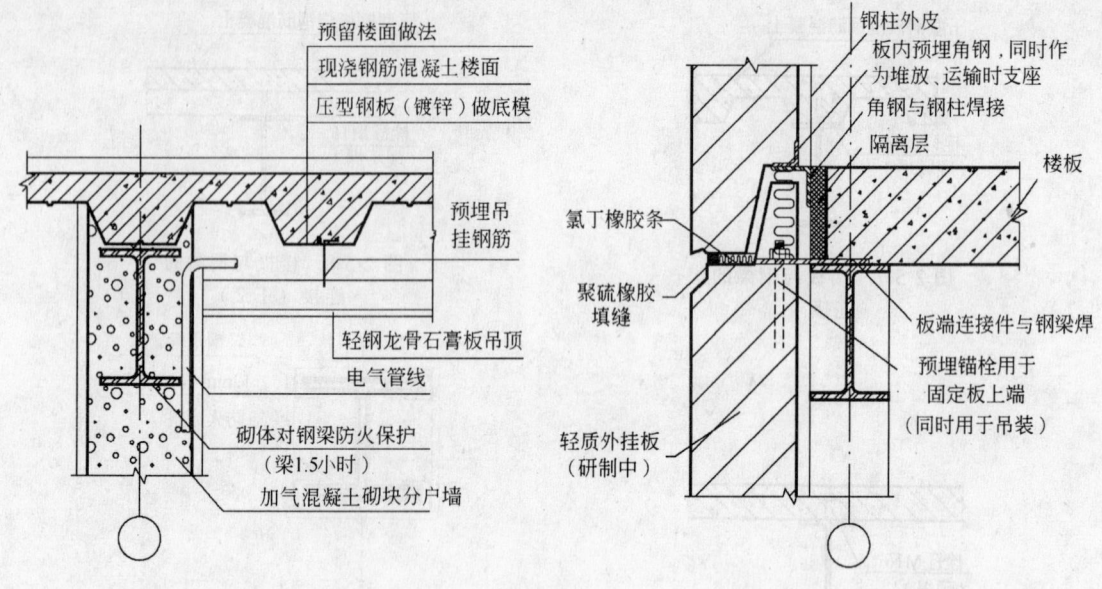

图 2-5-13　楼层节点　　　　　图 2-5-14　框架与大板的连接

（4）外墙与钢框架的连接：当采用混凝土砌块方案时（非承重），应参照《混凝土小型空心砌块建筑技术规程》（JGJ/T 14—95），砌块与钢框架应有可靠连接，在试点工程中我们把砌块外墙落至基础连梁上，外墙与钢柱柔性连接；采用砌体填充时也可以在各层楼板上砌筑，仍应注意可靠锚固和阻断冷桥；当采用条形外挂板或整开间外挂大板时，必须注意接缝设计和有安装调节措施，注意制品和框架的误差应有一个合理的配合关系。

（5）楼板隔声：楼板隔声是住宅中的一个难点，在试点工程压型钢板方案中，我们采用设置一层轻钢龙骨石膏板吊顶的办法，实测撞击声压级为 70dB，满足标准要求；如果采用平板现浇板底抹灰的办法则很难满足，建议结合内装修做一层吊顶。

（6）设备：由于采用了钢框架和轻质墙，水、暖、气及电气的空间条件与常规有所不同，在吊挂、暗埋、检修、防火以及管线穿梁（结构认可）等方面给出细部设计。一般说来，由于采用了框架及轻质墙，使管线的敷设有了更大的自由度。

（7）内装修：可以有两个方案，以毛坯房形式交工或以精装修形式交工，采用第一方案时，须对后工序切实做出某些限定和控制，特别是要符合《建筑内部装修设计防火规范》（GB 50222—95）和防水工程的有关规范和标准。我们建议尽量采用第二种方案，并且在完成细部设计的基础上部分项目以工厂化生产的方式完成内装修，这样做的好处是：1）扩大体系优势，降低整体成本；2）规范装修，提高品质；3）通过专业设计提高装修品位。缺点是缺乏个性化，但可以提出一个装修菜单供用户或开发商选用。

2.5.3 施工及质量措施

1. 结构的加工与安装

由于采用了热轧H型钢，钢构件的加工量较小，后工序主要为锯切、钻孔、焊加劲板、加工柱脚、制作连接件、处理高强螺栓连接面等，构件加工量约为焊接结构的三分之一。如果批量较大，可考虑定尺的型钢运至现场，在现场建立二次加工车间完成加工。因最大构件重量小于600kg，所需工装比较简单。钢结构的安装工序滞后于剪力墙施工，按常规方法进行，现场只需汽车吊作业。构件加工及安装主要依据《钢结构工程施工质量验收规范》（GB 50205—2001）及《建筑钢结构焊接规程》（JGJ 81—91）。

2. 板楼盖的施工

当选用平板楼盖方案时，为减化支撑并加快进度可使用免支撑模板架（图2-5-15）。

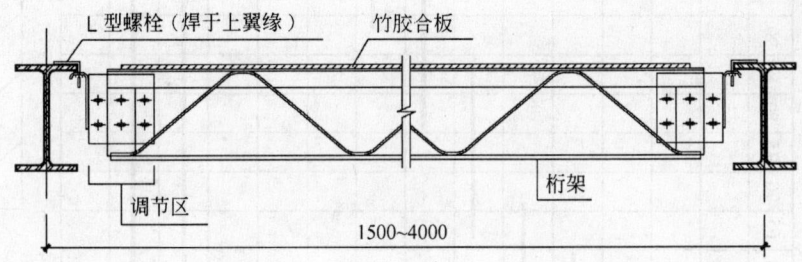

图 2-5-15 免支撑模板架

3. 施工组织

多层钢结构住宅体系承重结构、使用材料、工种作业、技工构成、工序配合和场地布置等方面与常规结构体系有所不同，它的主要特点是：

（1）主体钢框架和外墙板（当采用墙板方案时）是装配式的；

（2）钢框架工程及楼盖工程工期短，之后各层同时具备作业面，有比较明显的用工高峰；

（3）干作业含量较大，可以冬季施工；

（4）内墙均为非承重墙、砌体或空心墙，有吊顶夹层，因此设备管线作业与土建、装修作业较多交叉；

（5）总用工量小，但技术工种比重大；

（6）物料消耗总量小，但品种多，要求材料核算精细；

（7）通用做法引用较少，特殊作业较多；

（8）工程分项界面清楚，容易实行分包；

（9）总工期短，各分项周期也短。

钢框剪住宅楼工程实施进度表

表 2-5-1

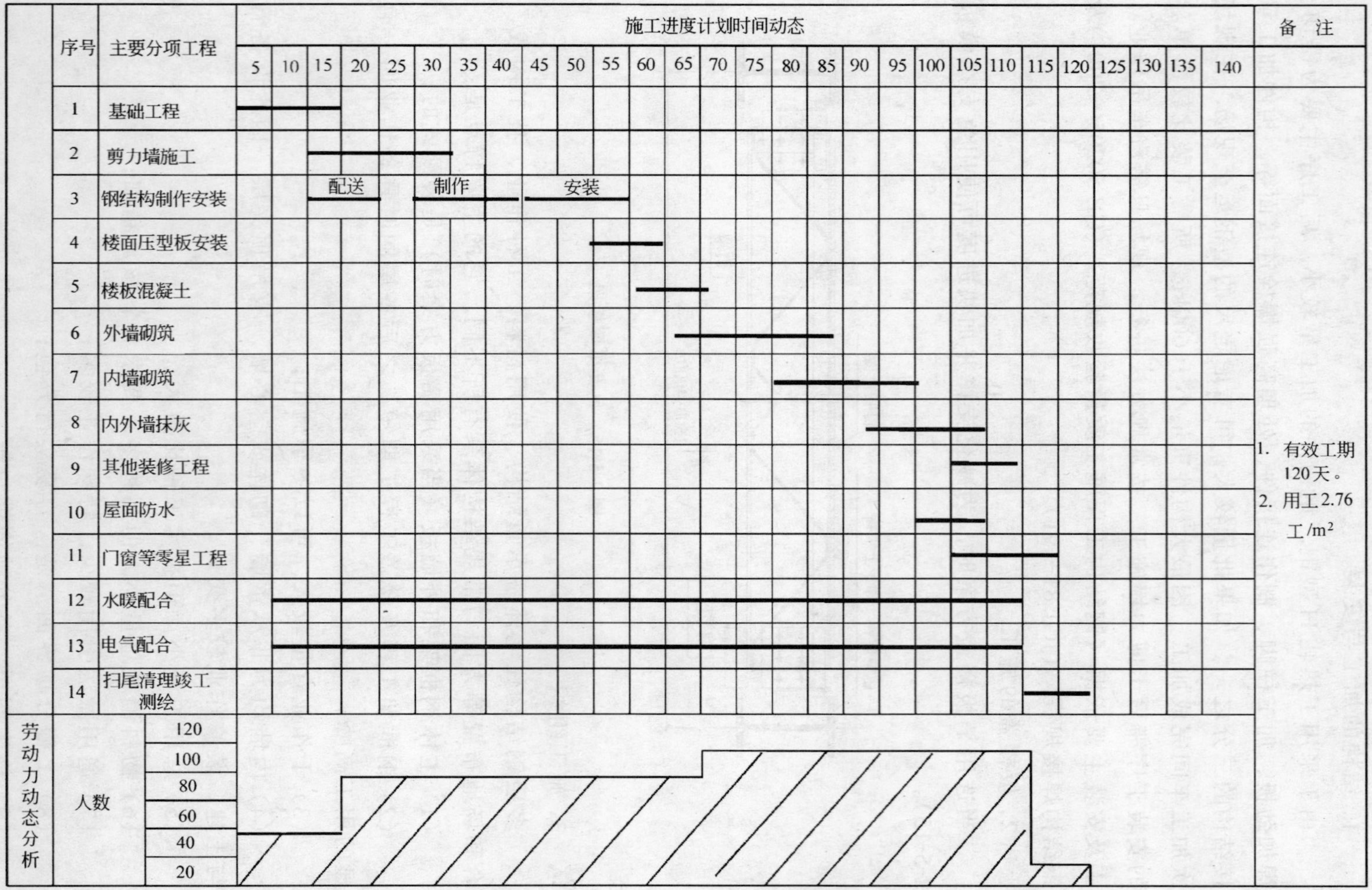

序号	主要分项工程	施工进度计划时间动态	备注
		5 10 15 20 25 30 35 40 45 50 55 60 65 70 75 80 85 90 95 100 105 110 115 120 125 130 135 140	
1	基础工程	▬▬	
2	剪力墙施工	▬▬▬▬	
3	钢结构制作安装	配送 制作 安装	1. 有效工期 120天。 2. 用工 2.76 工/m²
4	楼面压型板安装	▬▬▬	
5	楼板混凝土	▬▬▬	
6	外墙砌筑	▬▬▬	
7	内墙砌筑	▬▬▬	
8	内外墙抹灰	▬▬▬	
9	其他装修工程	▬▬▬	
10	屋面防水	▬▬	
11	门窗等星工程	▬▬▬▬▬▬▬	
12	水暖配合	▬▬▬▬▬▬▬▬▬▬▬▬▬▬▬▬▬▬▬▬	
13	电气配合	▬▬▬▬▬▬▬▬▬▬▬▬▬▬▬▬▬▬▬▬	
14	扫尾清理竣工测绘	▬▬	
劳动力动态分析	人数 120 100 80 60 40 20		

施工单位须根据以上特点结合工程的具体情况编制施工组织设计，精心组织施工，使各工序环环相扣，物料供应有条不紊，分包项目的起止点及交工条件明确。表 2-5-1 系根据北京水利机械施工处职工住宅实施情况作出，在下一步模块化标准单元组合住宅的实施中我们将把诸分项工程按一定单元予以量化。

4．主要施工技术

主要施工技术包括：

（1）钢筋混凝土单独基础及连系梁，包括锚栓的设置和电气接地；

（2）大模板或滑模施工钢筋混凝土剪力墙（或芯筒）；

（3）压型钢板作模板现浇钢筋混凝土楼盖；

（4）栓钉焊接；

（5）用活动支架支撑模板现浇楼盖；

（6）钢结构的加工与安装；

（7）局部或底层劲性混凝土；

（8）带有劈裂装饰面的混凝土小型空心砌块或其他砌体外墙以及与钢结构的连接；

（9）外墙内保温采用浆体或其他方法；

（10）外墙挂板及其预制、运输、堆放、吊装、误差控制、接缝及密封；

（11）钢构件的构造防火和使用防火涂料；

（12）轻钢龙骨石膏板内隔墙；

（13）轻钢龙骨石膏板（或水泥压力板）吊顶非标准做法；

（14）采用顶层坡屋面跃层时，彩色钢板复合板施工技术；

（15）聚氨酯泡沫现场喷涂；

（16）土建工程的其他常规技术；

（17）设备工程的新技术，如 PVC 排水管、复塑给水管、分户采暖系统、电热膜采暖、智能化项目、新的计量方法等。

5．质量措施

现场工程项目分解后，几乎每一单项都有施工验收标准（国标、部标或省市标）以及相应的质量措施；工厂预制部分除钢结构工程外，其余制品参照有关标准编制企业标准并建立质量保证体系，制定质量保证措施。

2.5.4 达到的技术经济指标

对试点工程人工物料分析、工程结算和物理测试之后得出主要技术经济指标如下：

1．面积利用率 92%，比砖混提高 6%；

2．直接费用 989.33 元/m^2，与混凝土框架持平；

3．用工量 2.76 工/m²，约为砖混的 1/3；

4．上部建筑重量 700kg/m²，约为砖混的 1/2，运输、吊装和场地占用量相当；

5．用钢量：型钢部分 35kg/m²，钢筋部分 25kg/m²；

6．热工性能：符合规范及北京市的节能要求；

7．隔声：符合北京市规定；

8．防火：耐火等级二级，柱 2.5h，梁 1.5h。

3 钢管混凝土柱框架-核心筒结构体系的设计与施工

3.1 概 述

本章着重阐述钢-混凝土混合结构住宅体系中的钢管混凝土柱框架-混凝土核心筒结构体系,该体系的钢管混凝土柱承载力高,抗震性能好,并具有良好的防火性能,而钢骨混凝土核心筒(剪力墙),作为抗侧力结构,其抗侧承载力高,刚度大,延性好,特别是它不影响住宅单元内部隔墙的灵活布置,能充分适应住宅建筑的功能需要,以创造良好的平面与空间布局。同时结构阻尼比纯钢结构大,居住舒适度高。该体系是目前钢结构住宅中比较理想的建筑结构体系之一,最适宜于7~12层小高层住宅,也可用于高层住宅。天津市建筑设计院和天津大学联合共同承担的建设部重点科技攻关项目"现代中高层钢结构住宅的研究",对该体系进行了系统的研究,并建成了8180m^2示范工程,为钢结构住宅的推广取得了一定的经验。目前正在施工的约有20万 m^2。建筑层数为9~26层。

3.2 钢管混凝土柱框架结构的物理力学特征

钢管混凝土柱包括圆钢管混凝土柱和方矩形钢管混凝土柱,由于充分发挥了混凝土的耐高压和钢材高强度相结合的特点,从而使钢管混凝土柱形成的框架结构具有良好的力学特性。

1. 提高了混凝土的承载力和延性

钢管内混凝土由于受到钢管壁的约束作用,使混凝土处于三向应力状态,其承载力得到较大提高,特别是圆钢管混凝土柱,其环形套箍作用更为明显,短柱试验表明,其承载力可提高一倍以上,方钢管的环箍作用虽较差,承载力也可提高20%~30%。同时试验表明混凝土受到环箍作用后,呈现拟"塑性变形状态",其变形性状得到很大改变,与普通钢筋混凝土柱构件的压酥脆性破坏特征截然不同,因此钢管内的混凝土具有一定的延性性能。

2. 充分发挥了钢材的高强特性,提高了框架柱的稳定性和承载力

钢管内的混凝土与管壁的共同挤压作用,避免了钢管壁的局部屈曲失稳,

使钢材的强度得到充分发挥。此外，其整体的稳定性也得到很大提高，有效提高了框架柱的竖向承载力。在节约钢材方面也具有一定的经济意义。

3. 提高了框架结构节点的刚度和强度

钢箱形柱框架节点是由钢柱的翼板与在对应钢梁翼缘标高处设置内隔板组成，天津大学曾对柱内有无填充混凝土的节点进行了对比试验，结果表明，如灌入混凝土后，节点力学性能有很大改善。

第一组试件为没有填充混凝土的箱形柱（柱壁板高厚比28）的内隔板节点，试验初期，整个构件处于弹性阶段，各部分无明显变化。当荷载增大到100kN时，内隔板上下两侧最靠近梁翼缘的部分首先发生屈曲，平板出现了凹陷，同时柱壁凸起，试件沿梁方向上的变形突然增大。荷载继续增加，屈曲部分变形加剧，与梁相连的柱壁凸起，另外两侧柱壁内凹，柱壁与梁的外侧相连的地方出现裂缝，内隔板的开孔由原先的圆形变成椭圆形。当荷载增大到125kN时，内隔板中心圆孔两侧，由内向外开裂，变形急剧增大，柱壁被撕裂，试件破坏。试验结束后，整个试件变形严重。

第二组试件为填充混凝土的方钢管混凝土柱（柱壁板高厚比28）内隔板节点，由于内部填充的混凝土有效的阻止了内隔板的屈曲变形和柱壁的弯曲变形。试验时，荷载一直增大到140kN时，柱壁才开始出现可见的变形，相连的地方出现裂缝，到破坏时，除梁翼缘板附近的柱壁有较大变形外，其他部分均无明显变形，其变形量较空钢管要小很多。其承载力提高了约50%，同时试件的整体刚度也有改善。

4. 提高了框架的抗侧刚度，从而增大了钢框架与混凝土核心筒分配地震剪力时的比率，增强了结构的安全性。

众所周知，钢-混凝土混合结构体系中，当框架结构为纯钢结构框架时，它与混凝土核心筒相比，刚度相差悬殊，其分配的地震力较少。而在大震作用下，钢筋混凝土结构的刚度和强度退化较严重，高达30%～40%，此时其地震力有相当一部分需转移到钢框架，由于钢框架刚度和强度较小，虽然延性好，但侧向位移过大，参与抗震的能力较差，故需在考虑钢框架的二道设防原则时，规范规定应增大其分担的地震剪力，造成设计不经济合理，当采用钢管混凝土柱后，其抗侧刚度可增加50%～70%，且抗侧承载力也可大幅度提高，增强了结构的抗震安全性。

5. 钢管混凝土框架具有较高的整体延性

钢管混凝土柱具有较高的承载力和延性，但整体结构的承载力和延性性能如何，特别是与钢筋混凝土框架和钢结构框架相比情况如何，目前国内尚缺乏试验研究。为此天津大学和天津市建筑设计院合作研究，分别在天津大学和河北工业大学实验室作了三层二跨的钢管混凝土柱与工字钢梁组成的整体框架

1/3缩尺模型试验,其中在天津大学做的是圆钢管混凝土柱,河北工业大学做的是方钢管混凝土柱,其试验模型如图3-2-1所示。

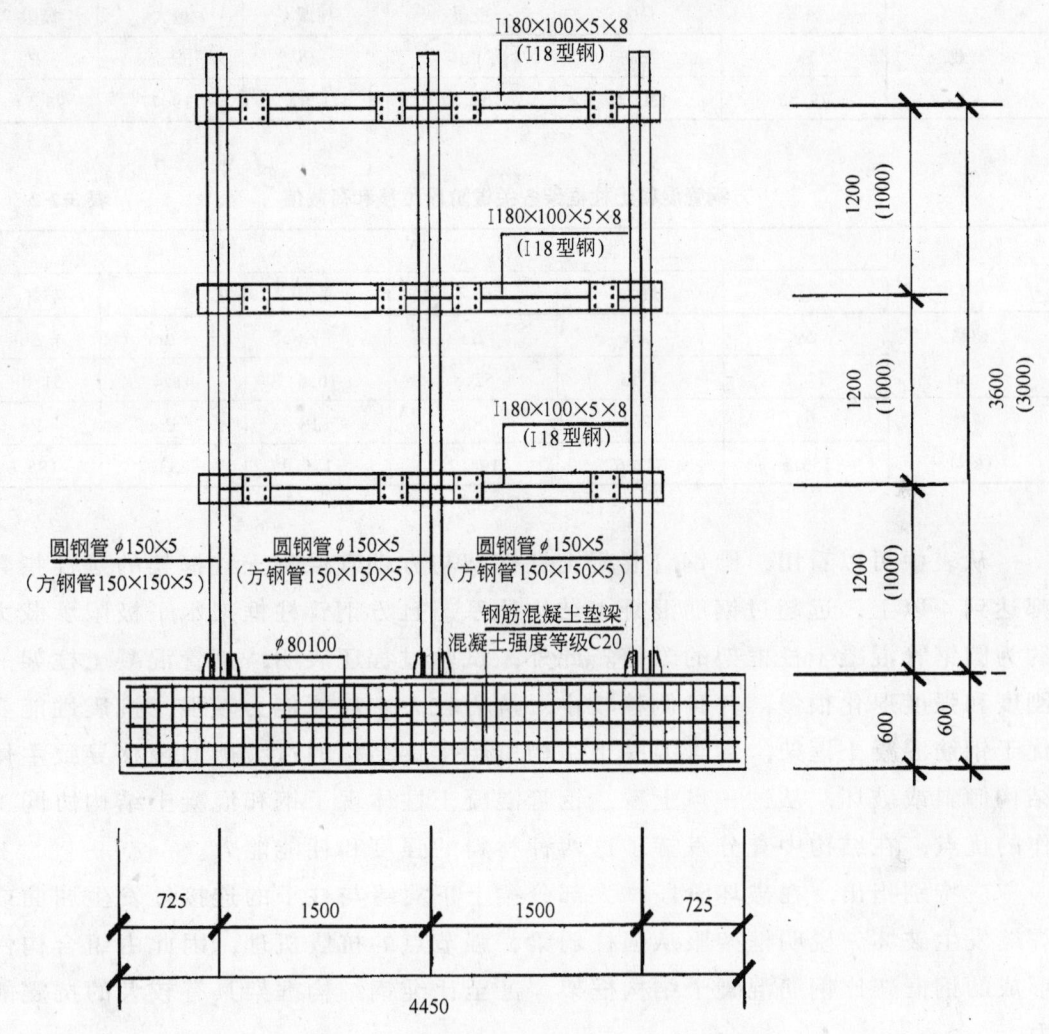

图3-2-1 钢管混凝土框架模型外形及尺寸

注:括号内为方钢管柱框架的有关参数

在试验时先按照轴压比要求施加竖向荷载,然后再施加反复水平荷载。试验结果如表3-2-1,表3-2-2。

圆钢管混凝土柱框架各关键阶段位移与荷载值　　　　表3-2-1

	正 向			负 向		
	屈服	最大	极限	屈服	最大	极限
位移 (mm)	Δy	Δmax	Δu	$-\Delta y$	$-\Delta max$	$-\Delta u$
	8.51	32.21	65.42	8.92	33.02	67.26

续表

	正 向			负 向		
	屈服	最大	极限	屈服	最大	极限
荷载 (kN)	Py 79.86	Pmax 130.22	Pu 108.87	−Py 71.67	−Pmax 119.77	−Pu 96.54

方钢管混凝土柱框架各关键阶段位移和荷载值　　　　表 3-2-2

	正 向			负 向		
	屈服	最大	破坏	屈服	最大	破坏
位移 (mm)	Δy 11.2	Δm 43.5	Δu 52.8	$-\Delta y$ 10.5	$-\Delta m$ 41.4	$-\Delta u$ 51.0
荷载 (kN)	Py 155.5	Pm 242.6	Pu 194.2	−Py −146.0	−Pm −233.7	−Pu −185.6

从表中可以看出，圆钢管混凝土柱框架与方钢管混凝土柱框架的延性指数都达到4以上，远超过钢筋混凝土结构体系，且方钢管柱框架水平极限承载力约为圆钢管混凝土柱框架的二倍。此外，试验过程还表明，钢管混凝土框架的刚度和强度退化很慢，并且侧移较小，抗力较大，耗能能力较强，抗震性能要优于钢筋混凝土框架，钢管混凝土结构避免了钢结构的过大侧向位移导致主体结构倾斜或破坏，从这一点上看，钢管混凝土柱体现了钢和混凝土结构协同工作的优点，在结构中充分发挥了这两种材料的强度和耗能能力。

应特别指出，在破坏阶段，大部分梁上下翼缘与柱子的连接处发生屈曲或焊缝发生破坏。说明框架服从强柱弱梁、强节点的抗震机理，因此由组合构件形成的钢框架比钢筋混凝土结构框架，甚至比纯钢结构框架具有较大的抗震能力。

3.3 钢管混凝土柱框架-核心筒结构体系的设计

3.3.1 钢管混凝土柱框架-核心筒结构体系设计的一般要求

钢管混凝土柱框架-核心筒（剪力墙）结构体系的组成为：钢管（方管或圆管）混凝土柱-钢梁框架、带银边钢骨的钢筋混凝土核心筒（或剪力墙）及钢梁-混凝土组合楼盖。框架与筒（墙）共同组成竖向承载体系及抗侧力体系。结构体系的布置应按空间工作的原则满足抗震设计的偏心率、高宽比、位移限值、强柱弱梁等要求，并合理的调整确定框架与筒（墙）的剪力分配比率，满足《高层建筑混凝土结构技术规程》对混合结构规定的比值。

该结构体系的阻尼比介于钢筋混凝土结构和纯钢结构之间，天津地震工程研究所曾对采用该结构体系的天津丽苑钢结构住宅1号楼进行了动力测试研究，得出了阻尼比为0.035，可供设计参考。

体系中的组合楼盖结构宜按抗震要求分别采用叠合板构造或现浇平板构造，不用或少用以压型钢板作模板的构造。当有钢次梁时，次梁宜按组合梁设计。

体系中的墙面板应按保证承载、防水、防火、隔音、节能、保温等综合功能选用钢混凝土夹心板或NALC板等大型墙板。

3.3.2 抗侧力构件的设计

抗侧力体系宜优先考虑钢骨混凝土剪力墙（核芯筒），便于住宅结构的平面布置和纵横隔墙可拆改的要求。在条件允许下也可采用延性良好的支撑系统。

1．抗侧力构件可利用电梯、楼梯间作成钢骨混凝土核心筒（剪力墙）；

2．在混凝土核心筒四角和剪力墙端部，应设置H型锒边钢柱，并配置适当钢筋，形成暗柱，型钢柱间在层高部位可用角钢联结，以保证施工阶段的稳定性；

3．核心筒每层应设置钢筋混凝土暗框架梁；

4．核心筒剪力墙的水平筋应绕过H型钢，牢固锚入角部暗柱内；

5．当采用钢支撑时，应在纵横两个方向均布置支撑，布置的位置与型式应得到建筑师的认可。一般可在楼（电）梯间以及有隔墙的位置处布置，在有门窗的开间，支撑宜选用人字型和V字型支撑，以方便门窗的开启和畅通，并应考虑隔墙可拆改的要求等。支撑一般采用中心支撑，对高烈度设防的十层及以上的高层住宅建筑，也可采用偏心支撑。

3.3.3 钢管混凝土柱的设计

钢结构住宅的框架柱，一般来讲可选择方钢管柱、圆钢管柱和H型钢，施工方便，但其侧向刚度较弱，且难以达到强柱弱梁的抗震要求，用钢量较大。钢管混凝土柱由于强度高和刚度大，抗震机理优越，有较大的使用价值。

近年来在钢结构住宅试点工程中，已较多采用了钢管混凝土柱，相对而言，圆钢管混凝土柱技术较为成熟，也有相应规程可供遵循，但在住宅建筑中，建筑师一般不愿选用圆柱型，同时圆管柱节点有上、下加强环形成的柱帽，尚需采用吊顶或装饰等构造办法隐藏节点。另一方面，应注意在住宅中钢管直径较小，柱高与直径比一般在8～10（在公共建筑中一般为5）左右，相对抗侧刚度较差。而方钢管混凝土柱由于抗侧刚度大和抗侧承载力较高，且节点构造简单，施工方便，建筑视觉功能较好，较适合于居民住宅中采用。下面结合建设部科技攻关课题的研究成果及试点工程经验重点介绍方（矩）形钢管混凝土柱的设计。

方矩型钢管混凝土柱的设计要点：

1. 当层数较少时钢管可采用冷（热）成型方（矩）管，目前国内已可供应 300mm×300mm×12.5mm 或 400mm×400mm 的冷成型方（矩）管；层数较多时可采用焊接箱形截面柱（如图 3-3-1 所示），材质可选用 Q235B 级或 Q345B 级钢。

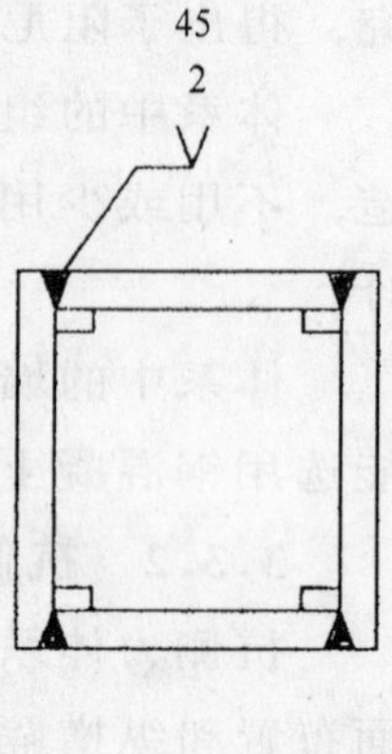

2. 高层住宅方矩形钢管混凝土柱壁厚一般不应小于 8mm，其宽厚比不应大于 $60\sqrt{235/f_y}$，柱计算长度与边长之比不宜大于 10，含钢率不宜低于 6%，长宽比不宜大于 2。

3. 方矩钢管混凝土柱承载力宜考虑混凝土与钢管协同工作，目前国内研究的计算方法有三大类型，第一种是简化的叠加原理计算法，基本理念与美国、日本一致。第二种为统一理论回归方程法，即将钢和混凝土换算成一种材料，通过试验得出回归公式的计算方法。第三种方法利用钢筋混凝土结构受弯构件的理论，考虑混凝土的作用，修正钢结构压弯构件公式的计算方法。后两种方法计算结果的用钢量总体上偏小，但都假设管壁与混凝土完全粘结整体工作不能脱开，这与实际情况有出入。因此本节计算方法仍采用简化叠加方法计算，并进行必要的合理调整，以工程技术人员比较成熟的钢结构压弯构件计算公式的形式来表示，避免了钢筋混凝土结构和钢结构两种方法的混合计算，以及对管壁与混凝土脱开的担忧。

图 3-3-1 箱形柱的拼接

本计算方法基本假定为混凝土仅承担轴向压力作用，方矩形钢管承担弯矩作用和部分轴向压力作用。天津大学课题组对该计算方法与同济大学主编的"矩形钢管混凝土技术规程"（初稿）提出的计算方法，进行了大量轴心受压、小偏心受压和大偏心构件的比较计算，其中轴心受压和小偏心受压基本相同，大偏心受压计算承载力偏低 5%～7%，结果表明可靠性较高。

4. 方矩形钢管混凝土柱的计算

1）轴心受压构件的强度应按下式计算：

$$N \leqslant N_u \tag{1}$$

式中　N——轴心压力的设计值；

N_u——轴心受压时截面抗压承载力设计值，按下式计算：

$$N_u = f_s A_s + f_c A_c$$

f_s、f_c——分别为钢材和混凝土的抗压强度设计值，抗震设防时应除以抗震调整系数 γ_{RE}；

A_s、A_c——分别为钢管和管内混凝土的面积。

2) 轴心受压构件的稳定性应按下式计算：
$$N \leqslant \varphi N_u \tag{2}$$
式中 φ——轴心受压构件的稳定系数（采用钢结构设计规范 GBJ 50017 中的 b 曲线）。

3) 方矩形钢管柱长细比计算：
$$\lambda = l_0/r \tag{3}$$
式中 l_0——轴心受压构件的计算长度（按钢结构规范附录 4-1、4-2 无侧移框架或有侧移框架分别计算）；

r——轴心受压构件截面的回转半径，按下式计算：
$$r = \frac{I_s + I_c E_c/E_s}{A_s + A_c f_c/f_s}$$

式中 I_s、I_c——分别为钢管和管内混凝土截面对形心轴的惯性矩；
E_c——管内混凝土的弹性模量。

4) 方矩形钢管混凝土轴心受拉构件的强度应按下式计算：
$$N \leqslant A_s f_s \tag{4}$$
式中 N——轴心拉力设计值；
f_s——钢材抗拉强度设计值，抗震设防时应除以抗震调整系数 γ_{RE}。

5. 弯矩作用在主平面内的压弯构件承载力计算。

1) 方矩形管的强度可按下式计算：
$$N \leqslant N^c + N^s \tag{5}$$
$$\frac{N^s}{A_s} + \frac{M_x}{W_x} + \frac{M_y}{W_y} \leqslant f_s \tag{6}$$

式中 N——轴心压力设计值；
M_x——绕 X 轴的弯矩设计值；
M_y——绕 Y 轴的弯矩设计值；
N^c——混凝土轴心受压承载力强度设计值；
$$N^c = A_c \cdot f_c;$$
N^s——方矩形钢管部分承担的轴向力设计值，大小为总轴力减去混凝土部分承担的轴向力设计值；
W_x——方矩形钢管对 X 轴的净截面抵抗矩；
W_y——方矩形钢管对 Y 轴的净截面抵抗矩。

2) 弯矩作用在一个主平面绕 X 轴的压弯构件，其稳定性按下列规定计算：
$$N = \varphi_x (N^c + N^s) \tag{7}$$

$$\frac{N^s}{\varphi_x A_s} + \frac{M_x}{W_x\left(1 - 0.8\dfrac{N}{N_{EX}}\right)} \leqslant f_s \tag{8}$$

式中 φ_x——弯矩作用平面内的轴心受压稳定系数；
$\qquad N_{EX}$——欧拉临界力。

$$N_{EX} = \pi^2 \cdot EA/\lambda_x^2$$

式中 A——矩形钢管混凝土等代全钢面积。

$$A = A_s + A_c \cdot \frac{f_c}{f_s}$$

$\qquad \lambda_x$——弯矩作用平面内的长细比。

同时应按下列公式计算弯矩作用平面外的稳定性：

$$N \leqslant \varphi_y (N^c + N^s) \tag{9}$$

$$\frac{N^s}{\varphi_y A_s} + \frac{M_x}{1.4 W_x} \leqslant f_s \tag{10}$$

式中 φ_y——弯矩作用平面外的轴心受压稳定系数。

3）弯矩作用在两个主平面内的双轴压弯构件，其稳定性按下列规定计算：

$$N \leqslant \varphi_x (N^c + N^s) \tag{11}$$

$$N \leqslant \varphi_y (N^c + N^s) \tag{12}$$

$$\frac{N^s}{\varphi_x A_s} + \frac{M_x}{W_x\left(1 - 0.8\dfrac{N}{N_{EX}}\right)} + \frac{M_y}{1.4 W_y} \leqslant f_s \tag{13}$$

$$\frac{N^s}{\varphi_y A_s} + \frac{M_y}{W_y\left(1 - 0.8\dfrac{N}{N_{Ey}}\right)} + \frac{M_x}{1.4 W_x} \leqslant f_s \tag{14}$$

式中 N_{Ey}——欧拉临界力。

$$N_{Ey} = \pi^2 \cdot E \cdot A/\lambda_y^2$$

式中 λ_y——弯矩作用平面内的长细比。

6．弯矩作用在主平面内的拉弯构件承载力计算

当方矩形钢管受拉力作用时，不考虑混凝土的受拉作用，拉力和弯矩均由钢管所承担，可按下列公式计算：

$$\frac{N}{A_s} + \frac{M_x}{W_x} + \frac{M_y}{W_y} \leqslant f_s \tag{15}$$

7．当柱的计算长度与截面高度之比大于 8 时，一般应考虑纵向弯曲变形影响。

8．方矩形钢管混凝土柱斜截面受剪，应满足下列要求：

无地震作用时，$V \leqslant 0.4 f_c bh$ (16)

有地震作用时,应同时满足式(17)与式(18)的要求:

$$V \leqslant \frac{1}{\gamma_{RE}}(0.32 f_c b h) \quad (17)$$

$$V \leqslant V^s + V^c + V^n \quad (18)$$

$$V^s = \frac{1}{\gamma_{RE}}(t_w h_w f_v) \quad (19)$$

$$V^c = \frac{1}{\gamma_{RE}}\left(\frac{1.05}{\lambda+1} f_t b_c h_c\right) \quad (20)$$

式中　f_c——混凝土轴心抗压强度设计值;
　　　b——框架柱的截面宽度;
　　　h——框架柱的截面高度;
　　　b_c——框架柱中混凝土截面宽度;
　　　h_c——框架柱中混凝土截面高度;
　　　t_w——箱形柱腹板的厚度;
　　　λ——框架柱的计算剪跨比,取 $\lambda = H_n/2h_c$,当 $\lambda<1$ 时 取 $\lambda=1$;当 $\lambda>3$时 取 $\lambda=3$;
　　　h_w——箱形柱腹板的高度;
　　　f_v——箱形柱腹板的抗剪强度设计值;
　　　V^s——柱中钢骨部分的受剪承载力;
　　　V^c——柱中混凝土部分的受剪承载力;
　　　V^n——柱轴向力的折算受剪承载力,当柱为受压时,$V^n = 0.056N$,N 为考虑地震作用组合的轴向压力设计值。如 $N>0.3f_cA$,取 $N=0.3f_cA$。当柱为受拉时,$V^n = -0.2N$,N 为考虑地震作用组合的轴向拉力设计值;
　　　V——柱的剪力设计值。

柱中剪力设计值应按下列公式情况计算,并与非地震作用下的剪力最大值进行比较,取其大值。

$$V = 1.1 \frac{M_{c,t} + M_{c,b}}{H_n} \quad (21)$$

式中　$M_{c,t}$、$M_{c,b}$——分别为框架柱上、下端截面弯矩设计值;
　　　H_n——为柱层向净高。

9. 当考虑地震作用组合时,方矩形钢管混凝土柱承受的压力设计值应满足下列要求:

$$N \leqslant n(f_c A_c + f_s A_s) \quad (22)$$

式中　N——地震作用组合下框架柱承受的压力设计值;

n——轴压力限值系数，按表3取值。

方矩形钢管混凝土柱轴压力限值系数 n 表3-3-1

抗震等级	一级	二级	三级
N	0.7	0.8	0.9

注：1. 框支柱的轴压比限值应比表中数值减少0.10采用；
    2. 剪跨比不大于2的柱，其轴压比限值应比表中数值减少0.05采用；
    3. 当混凝土强度等级大于C60时，表中数值宜减少0.05。

3.3.4 钢梁与组合楼盖的设计

钢框架梁一般可采用窄翼缘H型钢，也可采用焊接H型钢，钢梁的宽度一般可取墙厚，150mm～200mm，高宽比宜取2～3。跨高比可取（1/15～1/20）L，悬臂梁不宜小于1/10L。次梁也可采用高频焊接薄壁H型钢，以节约钢材用量。钢梁设计时，宜考虑组合楼板的作用，但混凝土翼板与钢构件应完全抗剪连接，翼板有效宽度、承载力计算方法和构造措施可按《高层民用建筑钢结构技术规程》（JGJ 99—98）和《钢结构设计规范》相应规定设计，钢梁允许挠度为$L/400$（L为梁的跨度，对悬臂梁可取2.0倍悬臂长度），对阳台悬臂挑梁的自由端宜予起拱。

楼盖体系是建筑的重要组成部分，它既要承受竖向荷载，又需传递水平荷载，因此它在平面外及平面内都需要足够的强度、刚度。同时还需要一定的抗裂性，以满足建筑功能抗渗、抗漏的要求。

目前最常用的是现浇钢筋混凝土楼板，其优点是成本低、防火性能较好，整体性能强。其缺点是需要大量模板和支撑，施工速度慢，周期长。且由于混凝土收缩，地基沉降、温度作用等原因，楼板易开裂，影响使用功能。

压型钢板组合楼盖，施工方便，速度快，抗裂性能好，在高层钢结构建筑中已普遍采用。但由于压型钢板兼作钢筋用时尚需进行防火处理，而仅作模板用时成本过高，因此在多层、小高层住宅中的采用应作好综合效益比较分析后确定。

有鉴于此，在天津丽苑小区钢结构住宅设计及试点工程中，研究开发了钢筋混凝土叠合楼板。该叠合板的芯板在传统的叠合楼板芯板的基础上进行了如下几点重大技术改进：

①传统的芯板间无侧面联系筋，改进的芯板有侧面联系筋，其数量根据活荷载的作用计算确定。

②芯板侧面做成30°的内倾角，且板缝宽度在80～100mm，以便板间侧向联系筋互相搭接。避免了板间纵向裂缝的产生。

③传统的芯板较薄，一般厚度只有40～60mm，且预应力筋在截面厚度中

心附近布置，因此芯板抗弯刚度和强度很弱，在现场必须预先作好支承系统，才能安装预应力芯板，然后再绑扎钢筋，浇注叠合层混凝土，施工速度慢，不宜用于工业化施工的住宅结构体系中。改进的芯板厚度增加20mm，总厚度达80mm，预应力钢筋靠下部设置，仅留20mm混凝土保护层，采用适当起拱措施，中间不加支撑时，能承受薄板自重和$1kN/m^2$的使用荷载，基本无挠度（板跨不大于6m）。

④由于预应力板可自行承受施工荷载，从而引起施工技术的很大改进，可不加任何支撑，分层连续吊装，迅速安装到位，大大简化了吊装时间和节约了机械台班费用，而且工人在薄板上可随意走动，为高空作业提供了方便。浇注混凝土时，只需在芯板板缝间加纵向通长木板，并每隔1.5m左右加竖向支撑，支撑简单，施工方便、效率高、成本低。

⑤芯板采用高强螺旋肋钢筋，与混凝土的粘结力远高于常用的冷拔低炭钢丝和其他常用的高强钢丝，使叠合板的延性性能得到改善。

⑥在芯板四个角部设置预埋铁件，安装后与钢梁焊接，预埋铁件的锚筋伸入叠合层混凝土，加强叠合层面的抗剪作用。

此种楼板刚度、强度、抗裂性、延性、防火性都较好，特别是施工安装速度快。

上述叠合楼板一般用于不超过12层的钢结构住宅，当预制芯板与叠合层之间采用可靠的拉筋连结，并经计算满足地震抗剪要求，层数可适当提高，但不应超过50m。

芯板的制作基本要求：

①一般宽度可取900mm，1200mm等规格，跨度3000~6000mm。

②厚度：当跨度≤3600，可取60mm。

当跨度在3900~5100mm，可取80mm。

③芯板混凝土一般采用C40混凝土制作，其表面作凹凸40mm的人工粗糙面。

④叠合层混凝土一般60mm厚，采用C25强度等级浇筑，并注意养护。

叠合楼板宜按单向板设计，荷载可按承受全部荷载作用来考虑配置预应力主筋，并注意芯板的反拱值和全部荷载作用的下挠度值，应综合考虑后再确定预应力度。芯板侧向筋，可按叠合楼板在整体作用下按活荷产生的内力配置钢筋。

3.3.5 结构节点设计与构造

1. 节点是保证结构整体工作的关键，应具有良好的承载力与抗震性能，节点抗震设计应考虑结构进入弹塑性阶段的工况，节点连接的承载力应高于构件截面的承载力，并应能满足各种不同结构体系相应的强度、刚度和延性的要求。

2．型钢钢柱或方矩形钢管混凝土柱与钢梁的连接宜采用柱贯通型，其梁柱节点一般应采用刚性节点，连接方法宜采用栓焊连接。梁腹板与柱采用高强度螺栓摩擦型连接，螺栓不得少于两列。梁翼缘与柱应采用全熔透焊缝连接，其焊接质量不得低于二级质量标准。如图3-3-2所示。

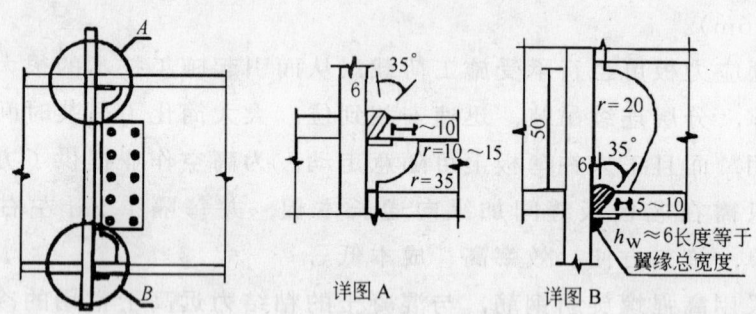

图3-3-2　框架梁与柱的现场连接

3．圆钢管柱节点采用上下加强环的连接构造时，钢梁翼缘与上下加强环或伸臂段应全熔透焊接，腹板与加劲板采用螺栓连接，其列数不得少于2列。

4．方钢管混凝土柱节点的内隔板与柱的焊接，应采用坡口全熔透焊缝连接，对无法进行手工焊接的内隔板，焊缝应采用熔化嘴电渣焊。水平隔板截面应与梁翼缘等强。

5．钢梁与混凝土剪力墙的连接，宜采用铰接节点，即钢梁腹板与埋入剪力墙的银边H型钢柱的节点板以螺栓连接。银边H型钢的翼缘或腹板的节点板高度范围内应焊接横隔板，H型钢柱埋入混凝土部分宜设置抗剪栓钉。

6．柱脚节点设计

钢柱脚优先采用埋入式柱脚，也可采用外包式柱脚，应做成刚性节点，如图3-3-3和图3-3-4所示。

（1）埋入式柱脚的埋深，对轻型钢柱，不得小于钢柱截面高度的2倍，对于热轧H型钢柱和箱形（圆形）柱，不得小于钢柱截面高度（直径）的3倍。埋入式柱脚底板应用预埋锚栓连接，柱脚的埋入部分应设置栓钉。栓钉的数量和布置可按外包式柱脚的有关规定确定。埋入式柱脚通过混凝土对钢柱的承压力传递弯矩，埋入式柱脚的混凝土承压应力应小于混凝土轴心抗压强度设计值。

（2）外包式柱脚的外包混凝土高度与埋入式柱脚的埋入深度要求相同，柱脚部位的轴向力、弯矩和剪力可由外包混凝土承担。外包混凝土的厚度和配筋应根据计算确定，但最小厚度为180mm。外包式柱脚底板位于基础顶面，用预埋锚栓连接；混凝土外包部分的柱身可设置栓钉，保证外包混凝土和柱的共

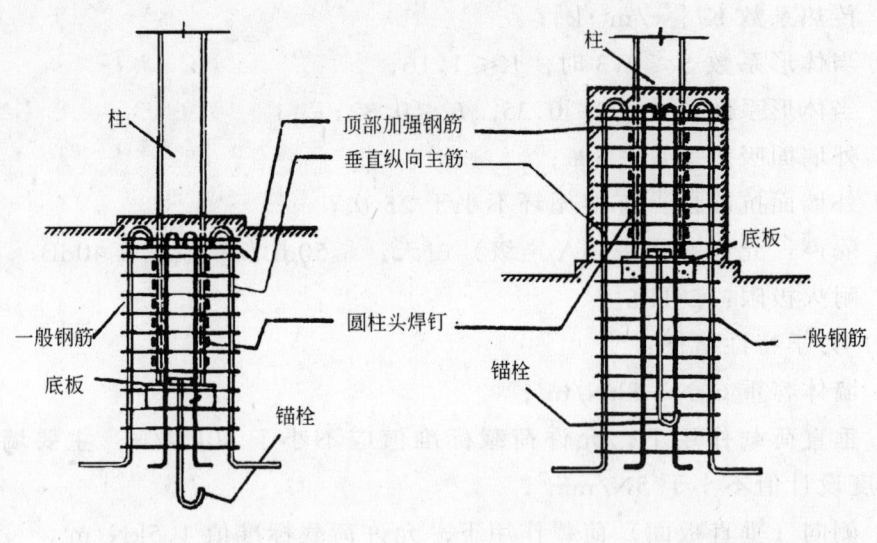

图 3-3-3 埋入式柱脚　　图 3-3-4 外包式柱脚

同工作。

(3) 钢柱脚的计算方法和构造措施可按《高层民用建筑钢结构技术规程》(GBJ 99—98) 有关规定。

7. 抗震设防时，钢结构支撑的节点和框架梁侧向隅撑的节点作法，可按《高层民用建筑钢结构技术规程》和《钢结构设计规范》相应规定设计。

3.3.6 墙板设计

按照产业化要求，钢结构住宅的墙体材料宜选用装配式墙板板材，墙板包括外墙板和隔墙板，它与楼盖板共同组成钢结构住宅的三大板系，是住宅结构的重要组成部分。对住宅建筑功能与经济性有十分重要的影响，也是目前钢结构住宅体系中有一定技术难度的研究开发内容。

目前国内的装配式墙板可分为两大体系，一类为基本是单一材料制成的板材，如高性能 NALC 板，即配筋加气混凝土条板，该板具有较好的承载、保温、防水、耐火、易加工等综合性能，另一类为复合夹心墙板，内外侧为强度较高的板材，中间设置聚苯乙烯或矿棉等芯材，其种类较多。如天津大学等单位研究的 CS 板，即由两片钢丝网，中间夹 60～80mm 的聚苯乙烯板，并配置斜插焊接钢丝，形成主体骨架，后在两侧面浇筑细石混凝土。还有的采用钢龙骨，内垫矿棉，两侧外铺高强板材。此类墙板的综合性能及经济性能（特别应考虑实际运输的费用）尚待通过试点工程的应用总结、综合评价，改进完善后推广应用。同时不论何类墙板都还应特别注意嵌缝材料及构造的妥善处理。

1. 以下结合天津丽苑小区试点工程介绍复合外墙板的设计、施工基本要求。

(1) 建筑物理指标：

1）传热系数 K [w/m²·k]；

当体形系数 $S \leqslant 0.3$ 时，$K \leqslant 1.16$；

当体形系数 $0.3 < S \leqslant 0.35$，$K \leqslant 0.82$；

2）外墙面吸水率：<5%；

3）外墙面抗冻性：冻溶循环不小于25次；

4）隔声：允许噪声级（A声级）白天：≤50dB，夜晚：≤40dB；

5）耐火极限：≥1h。

（2）力学特性指标：

1）墙体容重 6kN～8kN/m³；

2）垂直荷载作用下，允许荷载标准值应不小于10kN/m，主要墙体材料抗压强度设计值不小于5N/mm²；

3）侧向（垂直板面）荷载作用下，允许荷载标准值1.5kN/m²，变形不大于 $L/250$（L 为支承距离：当为横向支承时不小于4.2m，当为竖向支承时不小于3m）；

4）墙面耐久性：一般不出现开裂；

5）使用要求：满足装饰及家电安装等对墙面强度和刚度的要求。

（3）应根据建筑立面，进行合理的外墙布板设计。布板的原则应尽量减少板型，制作、运输、吊装方便，连接应可靠。板缝应尽量找齐。

（4）墙板的合理划分

1）第一种分类法：可按以一门或一窗为核心，以其一开间为宽度、上下一层高为一个板单元的原则划分；

2）第二种分类法：可按窗间墙、窗上墙、窗下墙、门间墙、门上墙、女儿墙等为一个板单元的原则划分。

（5）墙板宜尽量减少热桥，可在冷桥部位，采取局部加强措施，以提高该局部表面温度。

（6）墙板的安装

1）安装墙板时，应在柱子上标志出每块墙板的安装位置，板型要核对无误，板缝应力求横平竖直，板缝的大小应符合设计图纸及验收标准的要求；

2）安装窗洞上下的墙板时，应复查窗洞标高和实际尺寸；

3）安装后应定位校正，再按设计的连接方法予以固定。

（7）墙板的连接

1）可在墙板中设预埋件，安装定位后，与主体结构的埋件焊接，焊缝及埋件应进行防腐处理；

2）也可在柱上和梁上设置钢支托，将墙板安置于支托上，并应牢固连接；

3）8度地区应采用柔性连接。

(8) 板缝设计

1) 一般水平板缝宽不宜大于10mm，垂直缝宽不宜大于16mm；

2) 板缝设计应满足防水、保温要求，构造合理，施工简便，坚固耐久；

3) 水平缝可采用简单的平缝形式，垂直缝可采用直缝，也可采用接榫缝；

4) 当采用平逢和直缝时，缝中间应填密保温材料，然后在板两面用弹性防水水泥砂浆嵌缝，深浅一致，然后用防水密封胶挤进闭封，密封胶要求不渗水，高温不流淌，低温不开裂，粘结性能好，其密闭性应抽样检测，耐久性应符合规范要求。

2. 内隔墙品种较多，常用的可为加气混凝土板，轻钢龙骨石膏板，目前由天津建工集团生产的水泥粉煤灰挤出板也是一种很好的环保型内墙板。

(1) 内隔墙设计的基本要求

1) 内隔墙应有良好的隔声、耐火性能和足够的强度；

2) 内隔墙应便于埋设各种管线；

3) 内隔墙与主体结构连接应可靠，在地震时不应脱落；

4) 门框、窗框与墙体连接可靠、牢固、安装方便；

5) 分户墙宜采用加气混凝土条板、或双层内隔墙板加隔声材料，也可采用轻质砌块；

6) 分室墙宜采用轻质墙板或轻钢龙骨石膏板墙，如有条件，可采用易拆形隔墙墙板，以利住户改造，满足灵活隔断的要求。

(2) 内隔墙板的建筑物理指标

1) 隔声：计权隔声量：$\geqslant 40dB$；

2) 耐火极限：

(a) 楼梯间、单元之间的墙：2h；

(b) 房间隔墙：0.5～0.75h。

(3) 力学特征指标：

1) 墙体容重：$<6kN/m^3$；

2) 主要材料抗压强度设计值：不小于$2.5N/mm^2$；

3) 侧向荷载下，允许荷载标准值$1.0kN/m^2$（支承距离不小于3.0m）；

4) 墙面耐久性：一般不出现开裂；

5) 使用要求：满足装饰及家电安装等对墙面强度和刚度的要求。

3.4 天津市丽苑小区钢结构住宅试验工程概况

天津市丽苑小区钢结构住宅，是建设部的试点示范工程，也是天津市建委确定的重点工程。该小区靠近天津市东郊张贵庄机场，天津市外环线与真理道交接处南侧，属于近郊区。占地面积 26000m²。

在小区内住宅按条形行列式布置。8栋欧式砖混住宅布置在南侧，2栋十一层钢结构住宅布置在北侧，紧靠马路，并与主干线平行，1号楼8180m²，2号楼为11000m²，其中1号楼为三个单元，其中两个标准单元为十一层，一个端单元为九层。一室户建筑面积65m²，二室户建筑面积95m²，小三室户建筑面积105m²，每层层高2.8m，结构平面如图3-4-1所示。

设计中采用了能够充分发挥钢结构特点的大开间灵活隔断的平面布局形式。真正实现适用、经济、合理的内部空间布局，开间方向柱距7.5m，可划分两室，起居室达到3.9m，卧室达到3.6m，在进深方向以5.7m和5.1m为柱距，分隔成南北两个卧室，中间夹一个储藏间。以这种柱网形式构成了每户为一个开间，真正实现了大开间模式，室内无柱，为住户提供了最大限度的改造可能性，形成了钢结构住宅优越的空间灵活的特色。

住宅建筑立面设计，充分发挥钢结构的特色，采用圆窗、平窗、凸窗，并有机的排列组合，具有一定的韵律感、节奏感。并在阳台与房屋四周角部设计彩色竖线条，以充分体现钢结构轻质高强、挺拔秀美的固有特征，设计风格新颖，建筑造型充满现代气息，如图3-4-2所示。

1号楼试点工程结构体系采用SRC结构，即为方钢管混凝土柱框架——钢骨混凝土核心筒体系。充分发挥了钢材抗拉强度高，混凝土抗压强度高的优点，结构抗震性能优越，抗冲击能力强。

该体系钢框架主要承受竖向垂直荷载，钢柱采用焊接箱形柱350mm×350mm×18mm～350mm×350mm×12mm，里面灌入C40混凝土，增强了柱、节点和结构整体的强度、刚度和稳定性。确保了强柱弱梁、强节点的抗震机制。

施工安装时，以三层柱高为一节，进行箱形柱吊装，后吊钢梁，一次流程就构成三层框架。钢梁采用焊接工字钢，梁高一般为350mm，梁柱连接采用栓焊连接。施工速度快，一星期即可完成三层框架结构的组装，面积达2400m²。

混凝土核心筒主要为抗风、抗地震作用，核心筒四角埋入工字钢，增强了剪力墙的延性和在大震作用下的保有强度和刚度，较好地解决了钢——混凝土工作的协调性。同时利用其四个角部的工字钢，在其层高部位设置节点板，在混凝土尚未浇筑前，与钢梁连接，安装定位十分方便。克服了传统在剪力墙上设置埋板，必须待混凝土达到一定强度后，才可与钢梁连接，由此产生错位等一系列问题。在建筑功能上利用电梯井，作为混凝土核心筒，可以很好的解决电梯运行噪声干扰居民生活的问题。

楼板采用预应力混凝土叠合板，无次梁，装修不加吊顶。由于板跨度较

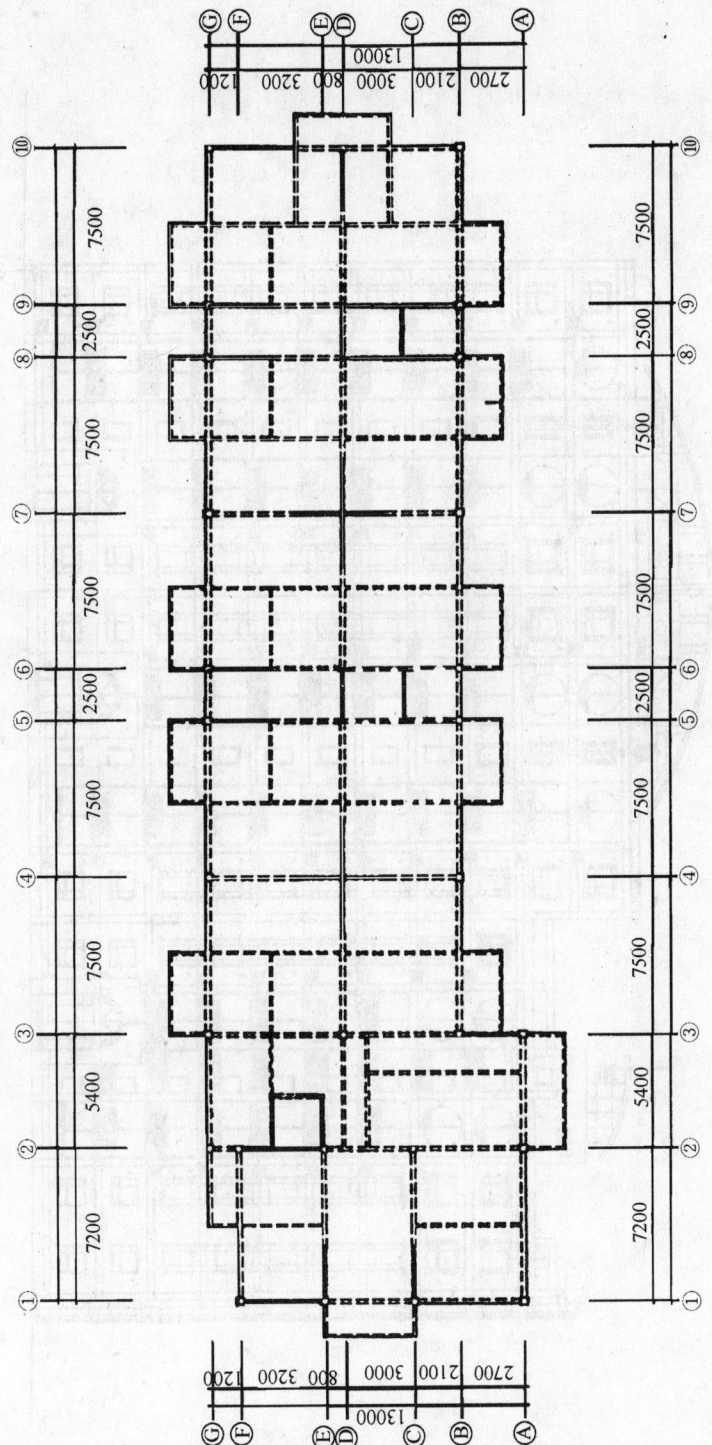

图 3-4-1 结构平面图

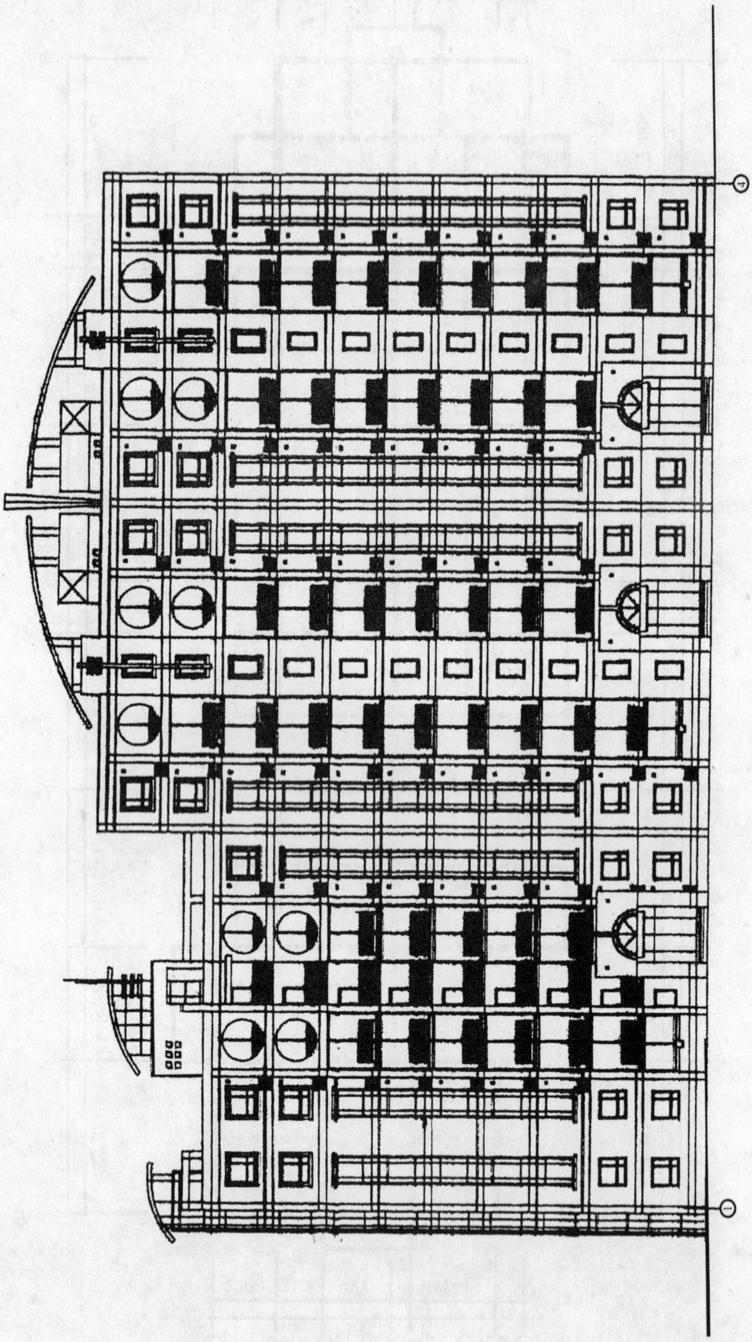

图 3-4-2 建筑立面图

大，板长5.1m，预制预应力芯板为8cm厚，上再做6cm C25混凝土叠合层，强度高，刚度好，隔墙可任意布置，避免了现浇楼板易开裂等使用功能问题，特别是避免了压型钢板组合楼盖的防火技术问题。

户外阳台由于处于雨水侵蚀环境，采用现浇混凝土结构。楼梯是主要的防火通道，所以也设计成现浇混凝土结构。

外墙采用预制CS墙板，内侧四角设有埋件，与主体结构牢固连接。每块板高宽约2800mm×3900mm（3600mm），厚度150mm，中间为8cm聚苯乙烯保温板，并斜插嵌入钢丝焊接骨架网，网片露出保温板15mm左右，两侧浇筑C25细石混凝土，（外侧3cm厚、内侧4cm厚）其保温、隔热、防渗、强度和刚度等均符合规范要求。内隔墙采用预制9cm厚GRC抽空墙板。上述预制外墙板、室内隔墙板、在主体结构现场安装成整体。

钢结构的防腐涂层，采用两遍底漆，两遍面漆，总厚度不小于125μm。钢柱的防火，由于已灌入混凝土，大大增加了防火性能，但仍涂铺天津防火涂料厂研制的并经天津消防研究所鉴定通过的薄型防火涂料2.5mm，耐火极限为2.5h。同时钢梁还外包防火石膏板，以形成双重防火体系。

技术经济指标：

土建造价：1150元/m²

设备造价：330元/m²

合计造价：1480元/m²

4 钢结构住宅围护结构（NALC板）设计与施工

4.1 钢结构围护结构设计原则

1. 钢结构住宅围护结构的设计应按《建筑热工设计规范》（GB 50176—93）进行计算，应满足规范规定，达到《民用建筑节能设计标准》（JGJ 26—95）和《夏热冬冷地区居住建筑节能设计标准》（JGJ 134—2001）的要求。在构造节点设计中应防止"热桥"，应保证满足热工计算中设定的各项条件。为此，所用材料都应提供完整的热工性能检测结果，最好能据此计算出全国各主要地区满足"节能标准"的厚度选用表，方便设计选用。

2. 围护结构设计应满足《钢结构住宅建筑产业化技术导则》（建科[2001] 254号）和《建筑抗震设计规范》（GBJ 50011—2001）的要求：围护结构与钢结构有可靠的连接和抗震延性，外墙板的连接必须可靠并具有足够的延性和适当的转动能力，满足在设防烈度下主体结构层间变形的要求；隔墙板与钢结构有可靠的连接并具有抗震延性；屋面板应具有可靠的搁置、防滑和连接，具有适当的变形能力。

钢结构住宅围护结构完全属于非承重构件，所以在进行结构设计时，主要不是校核其抗压强度。对外墙主要应校核墙板在风荷载作用下的强度及变形，节点及连接件焊缝强度，在地震力作用下的节点及连接件焊缝强度等。同时对围护结构均应有明确的切实可行的构造措施保证构件连接点的可转动性，及墙体适应主体结构在设防烈度下变形的能力。

NALC板材科学的节点设计和安装工法体现了一种崭新的设计理念，较完整地体现了上述抗震设计原则。它针对不同的结构和不同层间变位的要求设计了几种典型节点，这些节点首先通过计算和试验数据相结合的设计方法，确保墙板具有足够的强度，即保证了墙板的安全性；同时，这些节点又具有一定可转动和滑移性能，这样的随动性使墙板在较大的水平作用（如强风、地震等）下，结构发生较大水平变位时节点能够通过产生微小的转动和滑移来化解外力的破坏作用，保持墙体不受损坏。

在为钢结构住宅选择配套的板材时，要考虑板材在建筑的正常使用寿命中的全过程费用。它不但包括板材在购买时费用，还包括板材在使用过程的维护费用和建筑寿命。

3. 围护结构应优先选用高强、轻质，具有良好隔热、保温、隔声、防水、防火、防冻、耐老化、环保和耐候等综合性能的板材。

围护结构材料选用的首要因素是材料的正常使用寿命和钢结构住宅的设计使用年限（50年）相适应，即围护结构设计使用年限也应为50年。在为钢结构住宅选择配套的板材时，要考虑板材在建筑的正常使用寿命中的全过程费用。它不但包括板材在购买时的费用，还包括板材在使用过程的维护费用和建筑寿命结束时板材的处理费用。在目前我国钢结构住宅的建造过程中，有些单位为了节省工程造价，选择一些板材，在竣工后不久即出现大面积开裂。其修补费用大大高出 NALC 板。另外，某些类型的板材本身的使用寿命就是 10 年，这样的板材会给日后的用户带来使用隐患。

围护结构的防火一般应按二级以上防火等级设计，选择材料时亦应按二级耐火等级以上选择非燃烧体材料。注意难燃烧体和非燃烧体、耐火极限和隔火时间的界限，特别要重视具有阻燃性的难燃材料在高温或明火下产生有害气体对人体产生的损害。

当设计外围护结构时，墙体构造不但要满足保温设计的要求，还要满足隔热设计的要求，计算方法依据《民用建筑热工设计规范》（GB 50176—93）。对夏热冬冷地区，不仅要求材料具有良好的保温性能，还需要有较高的蓄热系数 S，以具有较高的热惰性指标 D，其值都应满足《夏热冬冷地区居住建筑节能标准》要求。

寒冷地区外墙板抗冻性是一项至关重要的指标，必须引起重视。笔者认为围护结构材料规定以下标准是比较适宜的：冻融试验后的强度损失应≤5%，质量损失≤1.5%。

4. 围护结构应模数化、工业化，施工简便快捷。内外墙宜干作业施工，隔墙板材易拆卸。

模数化、工业化是缩短工程建设周期，提高工程建设效率的有效途径，是钢结构住宅建设的必由之路。为了真正发挥其优越性，内外墙除了采用轻质板材外，还应具有干作业施工的性能，只有这样，在狭小场地上施工，文明施工才会真正实现。目前某些轻质墙板系统中已经具备了这样的能力。

5. 围护结构应有配套的连接件、辅材、施工机具，有较全面的后处理工艺。

围护结构配套连接件是保证实现板材连接可靠及具有足够延性和适当转动能力的关键构件，连接件的强度及防腐是必须保证的项目，强度有检测指标，防腐应采用镀锌防锈，焊接应规定焊条、焊缝厚度、焊缝长度等。

后处理工艺及采用的配套辅材关系到围护结构最终使用功能和使用效果。

采用经检测合格和实践证明行之有效的辅助材料及施工方法确保板缝不渗漏、不开裂；板面粉刷层不起壳、不开裂。提高板面的可装饰性和使用效果是非常必要的，也是可行的。

对大家关心的板缝问题，NALC板材在板缝处理方面已形成了一套成熟方案：抓住对外墙防止渗漏、注重美观的关键问题，首先，通过科学的板缝构造和合理设置胀缩缝，采用专门开发的密封胶处理，保证了防渗效果，在已建的近900项工程中，无一发生渗漏。同时通过专业人员提供的排版设计，外墙立面大都获得了满意的意想不到的效果。内墙板缝则开发出专用的勾缝剂，辅以一定的施工措施，均能保证板缝不出现裂缝。

6. 外墙装饰宜满足建筑设计美观大方的要求；隔墙能满足各使用功能及装饰要求。

外墙最好本身就具有美观大方、丰富多彩的装饰效果，可供建筑师选择设计出千姿百态的建筑艺术品。如果自身不具有这种性能，就必须具有可装饰性，能够满足隔声、隔热最基本的要求外，墙面的吸湿性也是决定房间舒适性的重要因素，具有一定"呼吸"作用的墙面有调节室内湿度的功能，同时给人以较亲切的触摸感，是营造高档房间舒适性不可缺少的因素。在选择隔墙板时不能忽视。

4.2 围护结构（NALC板）的设计

4.2.1 NALC板的选型、热工计算和结构设计

1. NALC板的性能、品种、规格（参见表4-2-1~表4-2-7）

NALC板性能检测指标表达　　　　　表4-2-1

性能指标		单位	NALC板（代表值）	检测标准	标准值	备注
干体积密度		kg/m³	500±20	GB/T 15762—1995 Q3201XJX01—2001	500±50	
立方体抗压强度		MPa	≥4.0	GB/T 15762—1995 Q3201XJX01—2001	≥2.5	
干燥收缩率		mm/m	≤0.3	GB/T 15762—1995 Q3201XJX01—2001	≤0.8	
导热系数（含水率5%）		W/m.K	0.13	GB/T 15762—1995 Q3201XJX01—2001	0.15	
抗冻性	质量损失	%	≤1.5	≤1.5	≤5.0	
	冻后强度	MPa	≥3.8	≥3.8	≥2.0	
抗冲击性		次	≥5.0	GB/T 15762—1995 Q3201XJX01—2001	3	30kg砂袋摆锤式冲击背面无裂纹
吊挂力		N	1200	JC 666—1997 Q3201XJX01—2001	≥800	

续表

性能指标	单位	NALC板(代表值)	检测标准	标 准 值	备 注
钢筋与NALC粘结强度	MPa	平均值 3.5 最小值 2.8	GB/T 15762—1995 Q3201XJX01—2001	平均值≥0.8 最小值≥0.5	
NALC板耐火极限	h	100mm厚墙 3.23 150mm厚墙 >4	GB/T T9978—1999		不燃材料
50mm厚NALC板保护钢柱耐火极限	h	4	GB/T T9978—1999	4	一级耐火极限
50mm厚NALC板保护钢梁耐火极限	h	3	GB/T T9978—1999	3	一级耐火极限
吸水率	%	36	GB/T 15762—1995 Q3201XJX01—2001		
水软化系数(R_w/R_0)	%	0.88	GB/T 15762—1995 Q3201XJX01—2001		
平均隔声量	dB	100mm厚墙 40.8 150mm厚墙 43.8	GB/T 15762—1995 Q3201XJX01—2001		不做任何粉刷
尺寸误差	mm	长±2,宽$^{+0}_{-2}$,厚±1	GB/T 15762—1995 Q3201XJX01—2001	长±7,宽$^{+2}_{-6}$,厚±4	
表面平整度	mm	1	GB/T 15762—1995 Q3201XJX01—2001	5	

外墙板规格 表 4-2-2

厚度 (mm)		75	100	125	150	175	200
部位	荷载(N/m²)	最大长度(mm)					
外墙板 AQB	800	—	3500	4200	5200	6000	6500
	1000	—	3500	4200	5200	6000	6500
	1200	—	3500	4200	5200	6000	6500
	1400	—	3500	4200	5200	6000	6500
	1600	—	3500	4200	5200	6000	6500
	1800	—	3500	4200	5200	6000	6500
	2000	—	3500	4200	5200	6000	6500
	2200	—	3300	4000	5000	5700	6200
	2400	—	3200	3800	4800	5500	6000
	2600	—	3100	3700	4600	5300	5700
	2800	—	3000	3500	4400	5100	5500
	3000	—	2900	3420	4200	4900	5300

楼面板规格 表 4-2-3

厚度 (mm)		75	100	125	150	175	200
部位	荷载(N/m²)	最大长度(mm)					
楼面板 ALB	2400	—	—	2400	2700	3100	3500
	2600	—	—	2330	2630	3030	3430	4000
	2800	—	—	2260	2560	2960	3360	3950
	3000	—	—	2200	2500	2900	3300	3900
	3200	—	—	2130	2460	2830	3230	3850
	3400	—	—	2060	2430	2760	3160	3780
	3600	—	—	2000	2400	2700	3100	3670

续表

部位	厚度（mm） 荷载（N/m²）	75	100	125	150	175	200
楼面板 ALB			最大长度（mm）				
	3800	—	1950	2350	2650	3050	3620
	4000	—	1900	2300	2600	3000	3530
	4200	—	1840	2240	2560	2960	3480
	4400	—	1780	2180	2520	2920	3430
	4600	—	1720	2120	2480	2880	3400
	4800	—	1660	2060	2440	2840	3360
	5000	—	1600	2000	2400	2800	3340

屋面板规格 表 4-2-4

部位	厚度（mm） 荷载（N/m²）	75	100	125	150	175	200
屋面板 AWB			最大长度（mm）				
	800	2000	3000	3500	4200	4800	5200
	1000	2000	3000	3500	4200	4800	5200
	1200	1960	2920	3400	4080	4640	5200
	1400	1920	2840	3300	3960	4480	5200
	1600	1880	2760	3200	3840	4320	4950
	1800	1840	2680	3100	3720	4160	4900
	2000	1800	2600	3000	3600	4000	4800
	2200	—	2500	2850	3350	3750	4700

隔墙板规格 表 4-2-5

部位	厚度（mm）	75	87.5	100	125	150	175	200
				最大长度（mm）				
隔墙板 AGB		3000	3500	4000	5000	6000	6700	6700

特殊规格的 NALC 板材选用范围表 表 4-2-6

种类	尺寸（mm）				备注
	厚度 h	最大长度 L	最大宽度 B	条纹的最大沟槽深度	
艺术板	50, 75	2000	600	10	以板厚减去25mm后按外墙板选用表选用
	100, 125	4000		25	
	150, 200	6000		30	
薄型板	50	2400	600		用于防火包梁包柱、外墙保温、轻型屋面等多种用途
特殊厚度板	87.5	3500	600		用于有特殊用途的内隔墙
变截面板	100 (150)	4500	600		用于外墙横装，取得木披板效果等，按小头厚度外墙板选用
	125 (175)	6000			
角型板	50	2400	150		用于外墙转角处等，以取得特定的装饰效果
	75	3000	150		
	100, 125, 150, 175	4500	150		

板材的断面及配筋　　　　　　　　表 4-2-7

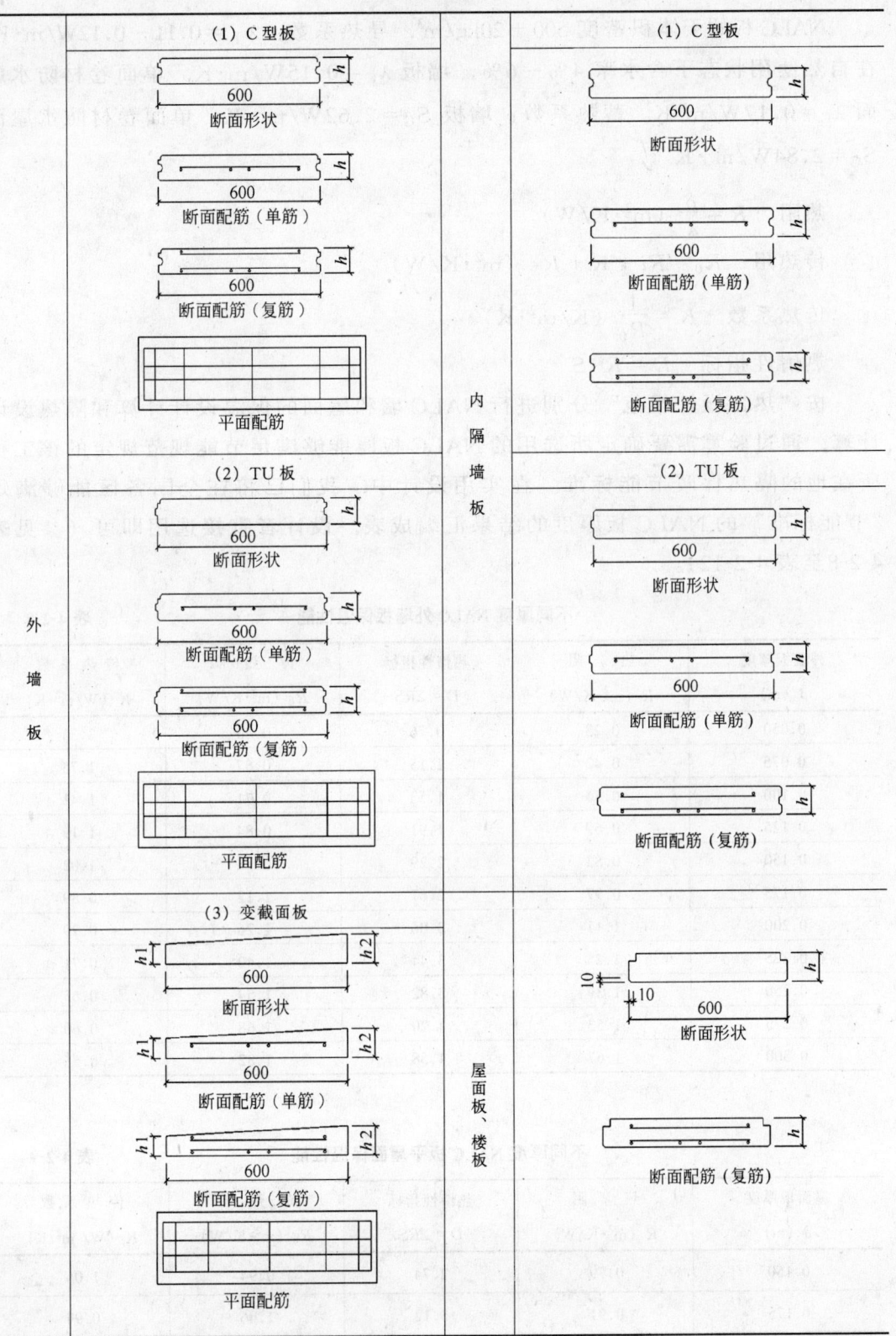

2. 热工计算

NALC板的干体积密度 $500\pm20kg/m^3$，导热系数：$\lambda_{\mp}=0.11\sim0.12W/m\cdot K$；在自然使用状态下含水率4%～6%，墙板 $\lambda_C=0.15W/m\cdot K$，单面卷材防水屋面 $\lambda_C=0.17W/m\cdot K$。蓄热系数：墙板 $S_C=2.62W/m^2\cdot K$，单面卷材防水屋面 $S_C=2.84W/m^2\cdot K$。

热阻 $R=\dfrac{\delta}{\lambda}$ （$m^2\cdot K/W$）

传热阻 $R_0=Ri+R+Re$ （$m^2\cdot K/W$）

传热系数 $K=\dfrac{1}{R_0}$ （$K/m^2\cdot K$）

热惰性指标 $D=R\cdot S$

按"热工设计规范"分别进行NALC墙和屋面的保温设计计算和隔热设计计算，通过验算需要确定所选用的NALC板厚能够满足节能规范规定的该工程所在地的隔热保暖节能标准。在实用设计中，我们已将在全国各区能够满足"节能标准"的NALC板厚度的结果汇编成表，设计者直接选用即可（参见表4-2-8至表4-2-12）。

不同厚度NALC外墙板保温性能　　　　　　　　　　　　　　表4-2-8

外墙板厚度 δ (m)	热阻 R ($m^2\cdot K/W$)	热惰性指标 $D=\Sigma RS$	传热阻 R_0 ($m^2\cdot K/W$)	传热系数 K ($W/m^2\cdot K$)
0.050	0.28	0.76	0.43	2.33
0.075	0.42	1.15	0.57	1.75
0.100	0.56	1.53	0.71	1.41
0.125	0.69	1.91	0.84	1.19
0.150	0.83	2.29	0.98	1.02
0.175	0.97	2.67	1.12	0.89
0.200	1.11	3.06	1.26	0.79
0.225	1.25	3.44	1.40	0.71
0.250	1.39	3.82	1.54	0.65
0.275	1.53	4.20	1.68	0.60
0.300	1.67	4.58	1.82	0.55

不同厚度NALC板平屋面保温性能　　　　　　　　　　　　　表4-2-9

屋面板厚度 δ (m)	热阻 R ($m^2\cdot K/W$)	热惰性指标 $D=\Sigma RS$	传热阻 R_0 ($m^2\cdot K/W$)	传热系数 K ($W/m^2\cdot K$)
0.150	0.79	2.74	0.94	1.06
0.175	0.91	3.12	1.06	0.94

续表

屋面板厚度 δ (m)	热 阻 R (m²·K/W)	热惰性指标 $D=\Sigma RS$	传热阻 R_0 (m²·K/W)	传热系数 K (W/m²·K)
0.200	1.03	3.51	1.18	0.85
0.225	1.15	3.89	1.30	0.77
0.250	1.27	4.28	1.42	0.70
0.275	1.39	4.66	1.54	0.65
0.300	1.51	5.04	1.66	0.60

注：热工计算时，加气混凝土板屋面包括加气混凝土板、水泥砂浆找平层、卷材防水层。

寒冷地区加气混凝土板外墙和屋面的最小厚度 δ (mm)　　表 4-2-10

采暖期室外平均温度（℃）	代表性城市	屋面 体形系数≤0.3	屋面 体形系数>0.3	外墙 体形系数≤0.3	外墙 体形系数>0.3	窗、户类型
2.0～1.0	郑州、洛阳、徐州	225	300	150 150	200 150	单层塑料窗 单框双玻金属窗
0.9～0.0	西安、拉萨、济南	225	300	175 150	250 175	单层塑料窗 单框双玻金属窗
-0.1～-2.0	石家庄、德州、天水 北京、天津、大连	225	300	175 150	275 200	单层塑料窗 单框双玻金属窗
-2.1～-3.0	兰州、太原、唐山	250	/	200 150	275 200	单层塑料窗 单框双玻金属窗
-3.1～-4.0	西宁、银川、丹东	250	/	250	250	单框双玻金属窗
-4.1～-5.0	张家口、鞍山、酒泉	250	300	250	250	单框双玻塑料窗
-5.1～-6.0	沈阳、大同、本溪	300	/	250	/	单框双玻塑料窗
-6.1～-8.0	呼和浩特、抚顺 延吉、通辽、四平	300	/	250	/	单框双玻塑料窗
-8.1～-9.0	长春、乌鲁木齐	/	/	300	/	单框双玻塑料窗
-9.1～-11.0	哈尔滨、牡丹江、安达 克拉玛依、佳木斯	/	/	/	/	单框双玻塑料窗
-11.1～-14.5	海伦、博克图、伊春 海拉尔、满洲里	/	/	/	/	三玻窗

寒冷地区加气混凝土板＋聚苯板外保温墙体中聚苯板选用厚度 δ（mm） 表 4-2-11

采暖期室外平均温度（℃）	代表性城市	外墙 体形系数≤0.3	外墙 体形系数＞0.3	窗户类型
2.0～1.0	郑州、洛阳、徐州	30 30	30 30	单层塑料窗 单框双玻金属窗
0.9～0.0	西安、拉萨、济南	30 30	40 30	单层塑料窗 单框双玻金属窗
-0.1～-2.0	石家庄、德州、天水 北京、天津、大连	30 30	40（50） 30	单层塑料窗 单框双玻金属窗
-2.1～-3.0	兰州、太原、唐山	30 30	40（50） 30	单层塑料窗 单框双玻金属窗
-3.1～-4.0	西宁、银川、丹东	30（40）	40	单框双玻金属窗
-4.1～-5.0	张家口、鞍山、酒泉	30（40）	40（50）	单框双玻塑料窗
-5.1～-6.0	沈阳、大同、本溪	30（40）	40（50）	单框双玻塑料窗
-6.1～-8.0	呼和浩特、抚顺 延吉、通辽、四平	40	50（60）	单框双玻塑料窗
-8.1～-9.0	长春、乌鲁木齐	45（50）	60（70）	单框双玻塑料窗
-9.1～-11.0	哈尔滨、牡丹江、安达 克拉玛依、佳木斯	50（60）	70（80）	单框双玻塑料窗
-11.1～-14.5	海伦、博克图、伊春 海拉尔、满洲里	50（60）	70（80）	三玻窗

注：括号中数值属于基墙为钢筋混凝土墙的外保温墙体，其余数值属于基墙为砖墙等的外保温墙体。

夏热冬冷、夏热冬暖和温和地区民用建筑 NALC 板外墙和屋面最小厚度 δ（mm） 表 4-2-12

地区	代表性城市	屋面	外墙
夏热冬冷	上海、南京、杭州、合肥、武汉、 南昌、长沙、成都、重庆、桂林	175 （225）	150
夏热冬暖	广州、南宁、 福州、海口	175 （225）	150
温和	贵阳、昆明、 大理、西昌	150 （或200）	150

注：1. 表中括号中数据为满足隔热节能要求的厚度。
2. 外墙包括两层腻子。

3. NALC 板的结构设计

NALC 板本身的承载力和变形控制是计算机控制、根据使用条件确定的设计荷载进行配筋、生产、检验合格后才准予出厂的，即是说每批次的出厂板材都是符合强度标准和变形标准规定的（楼板 $\delta/L \leq 1/400$、屋面板 $\delta/L \leq 1/250$、墙板 $\delta/L \leq 1/200$）。

NALC 板结构设计的重点是节点设计。围护结构受力特点是除了自重之外仅考虑风荷载和地震荷载的作用，而不验算板材沿轴向受力的抗压强度（即不将 NALC 板用作承受垂直荷载）。所以，设计的重点是选择节点、荷载计算和节点强度验算。

(1) 风荷载计算按《建筑结构荷载规范》(GB 50009—2001) 围护结构的计算式：

$$\omega_k = \beta_{gz} \mu_S \mu_z \omega_0$$

式中　ω_k——风荷载标准值，kN/m^2；

　　　β_{gz}——高度 Z 处的风振系数；

　　　μ_S——风荷载体形系数；

　　　μ_z——风压高度变化系数；

　　　ω_0——基本风压，kN/m^2。

(2) 地震作用标准值按下列公式计算：

$$F = \gamma \eta \xi_1 \xi_2 \alpha_{max} G$$

式中　F——沿最不利方向施加于 NALC 墙体重心处的水平地震作用标准值；

　　　γ——墙体功能系数；

　　　η——墙体类别系数；

　　　ξ_1——状态系数，对 NALC 取 2.0；

　　　ξ_2——位置系数，建筑顶点取 2.0，底部取 1.0，沿高度线性分布；

　　　α_{max}——地震影响系数最大值，可按多遇地震的规定采用；

　　　G——非结构构件的重力。

(3) 节点验算：

进行节点设计时要求进行节点验算，满足下列条件：

$$R_J / S_J \geqslant 2$$

式中　R_J——节点试验强度；

　　　S_J——节点设计荷载（风荷载或地震作用）。

NALC 板材经过长期实用和科学试验提供了各种板厚采用不同安装方法节点强度试验数据。参见表 4-2-13～表 4-2-14。

NALC 板节点连接件强度试验汇总表　　　　表 4-2-13

试验号	节点名称	规　格	试验破坏荷载（kN）	破坏特征	备　注
第 LJ010 号	ADR 连接件	M10	24	丝杆断裂或丝杆滑脱	参照《金属拉伸试验方法》(GB 228—1987)
第 066 号	钩头螺栓连接件	M10	25	钩头螺栓及与角钢焊接面共同变形	参照《金属拉伸试验方法》(GB 228—1987)
第 053 号	NALC 专用托板	100×120×5	8.5～11	托板弯曲变形	
第 065 号	NALC 专用托板	100×120×5	16.5～17	托板弯曲变形	

NALC板外墙安装节点强度试验汇总表　　　　表 4-2-14

试验号	节点名称	规　格	试验破坏荷载（N）	破坏特征	节点破坏强度（N）
第054号	插入钢筋法	100厚NALC板	9659	节点开裂破坏	8583
第055号	钩头螺栓节点	100厚NALC板	16281	节点开裂破坏	16281
第059号	钩头螺栓节点	125厚NALC板	18661	节点开裂破坏	18661
第060号	钩头螺栓节点	150厚NALC板	21623	节点开裂破坏	21623
第058号	ADR法节点	100厚NALC板	8432	节点开裂破坏	8432
第057号	ADR法节点	125厚NALC板	11276	节点开裂破坏	11276
第056号	ADR法节点	150厚NALC板	15071	节点开裂破坏	15071
第064号	S50板钻尾螺栓连接节点	50厚NALC板	3304（平均值）	节点开裂破坏	3304
第01602号	NALC对$\phi 8 \times 75$自攻螺钉握裹力	100厚NALC板	1443		
第01602号	NALC对$\phi 6.5 \times 70$自攻螺钉握裹力	100厚NALC板	1308		

（4）连接焊缝强度验算

采用连接安装钢材焊接在表 4-2-13 主体结构上时，连接件安装焊缝应满足《钢结构设计规范》的相关规定。

当力垂直于焊缝长度方向时：

$$\sigma_f = \frac{N}{h_e l_e} \leqslant \beta_t f_f^w$$

当力平行于焊缝长度方向时：

$$\tau_f = \frac{N}{h_e l_w} \leqslant f_f^w$$

在综合力作用下：

$$\sqrt{\left(\frac{\sigma_f}{\beta_t}\right)^2 + \left(\frac{\sigma_f}{\beta_f}\right)^2} \leqslant f_f$$

式中　h_e——角焊缝有效厚度；

l_w——角焊缝计算长度；

f_f^w——角焊缝强度设计值；

β_t——正向角焊缝强度设计值增大系数。

（5）节点转动能力和墙体变形能力：

NALC墙板节点的转动能力是由各节点连接构造所决定的，而墙体适应层间变形的能力则要由节点可转动能力加墙体端缝、顶缝的构造处理来获得。NALC板外墙安装节点适应变形的能力见表 4-2-15。

NALC板外墙安装节点选用参考表　　　　表 4-2-15

编号页次	构造法	承受层间变位能力					适用的结构类型及施工难度
		1/50	1/100	1/120	1/150	1/200	
J55④	竖墙插入钢筋法					○	低层钢筋混凝土结构，湿作业、施工不便
J55⑤	竖墙插入钢筋法+钩头螺栓					○	中层刚度较好的钢筋混凝土结构，湿作业、施工不便
J56⑥	竖墙滑动工法			○	◎	◎	中、低层钢结构，湿作业、施工不便
J56⑦	竖墙下滑动+上滑动螺栓				○	◎	中、低层钢结构，施工不便
J57⑧	竖墙钩头螺栓工法			○	○	○	中、低层钢筋混凝土和钢结构，半干法、施工比较方便
J58⑨	竖墙摇摆工法（一）	◎	◎	◎	◎	◎	中、高层钢结构和钢结构厂房、仓库等，干法、施工方便
J59⑩	竖墙摇摆工法（二）	○	○	○	◎	◎	中、高层钢结构和钢结构厂房、仓库等，干法、施工方便
J75④ J76⑤	横墙钩头螺栓工法		○	○	○	◎	多用于钢筋混凝土结构和钢结构厂房、仓库等，也可用于中低层建筑，半干法、施工方便
J77⑥	横墙摇摆工法（一）	○	○	◎	◎	◎	中、高层钢结构和钢结构厂房、仓库等，干法、施工方便
J78⑦	横墙摇摆工法（二）	○	○	◎	◎	◎	中、高层钢结构和钢结构厂房、仓库等，干法、施工方便

注：表中○表示少数轻微损坏，◎表示完好无损。

4.2.2　外墙设计

外墙设计的程序是：热工计算（或查表）确定板厚——选择安装方法——荷载计算、验算节点强度——排版、算量。

1．确定板厚

根据钢结构住宅工程所在地查表选定保温隔热满足有关节能标准规定的 NALC 板厚度。

2．选择外墙的安装方法

外墙的安装方法有：

（1）竖墙插入钢筋法（图 4-2-1）

它能够适应的结构层间变位能力≤1/200，适用于结构主体刚度较大、层间变位较小的建筑物。

（2）竖墙滑动工法（图 4-2-2）

在接缝钢筋法中，将板材下部做为固定式，上部做为移动式，可以承受 1/120 的层间变位。

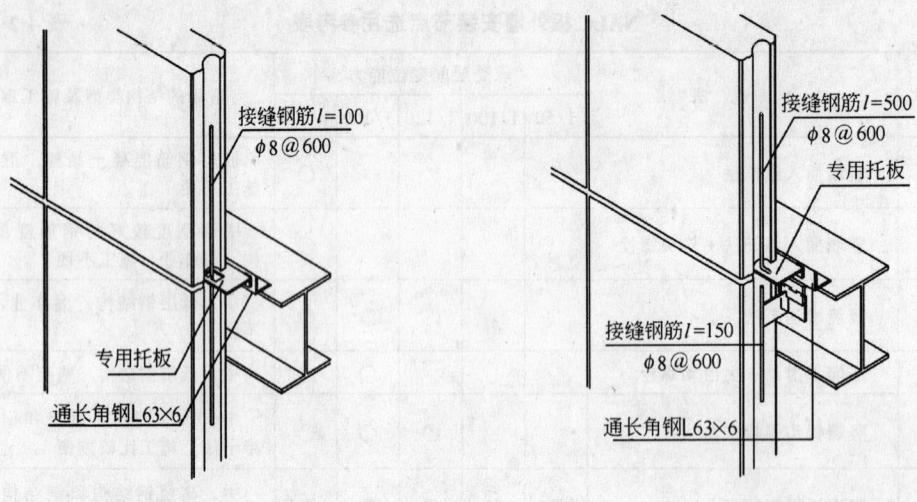

图 4-2-1 竖墙插入钢筋法　　　　　图 4-2-2 竖墙滑动工法

（3）竖墙钩头螺栓法（图 4-2-3）

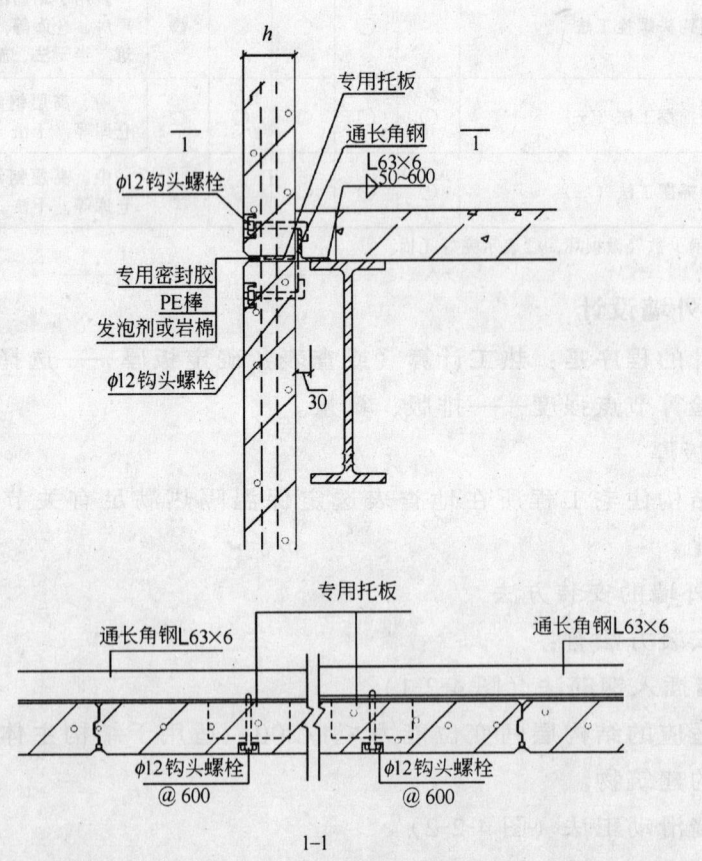

图 4-2-3 竖墙钩头螺栓法

在竖墙板的两端钻孔，用钩头螺栓固定的方法。它能适应 1/120 的层间变位，但板面会因为钻孔而留下修补痕迹。

（4）竖墙摇摆工法（ADR 法）（图 4-2-4）

它是一种采用专用组合连接件固定板材的最科学的安装方法，能够适应 1/50 的层间变位，而且板面不会留下任何痕迹。

（5）横墙钩头螺栓法（图 4-2-5）

在横墙板两端钻孔，用钩头螺栓固定的方法，能够适应 1/100 的层间变位。

（6）横墙摇摆工法（ADR 法）（图 4-2-6）

是一种采用专用连接件固定板材的科学安装方法，能够适应 1/50 的层间变位。

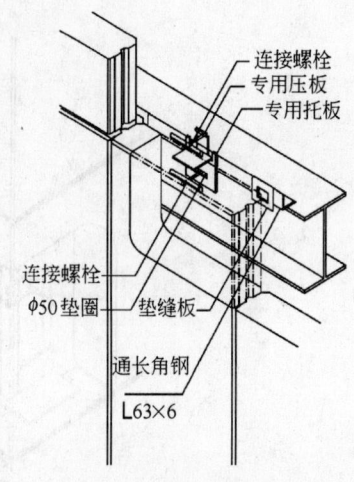

图 4-2-4　竖墙摇摆工法（ADR）

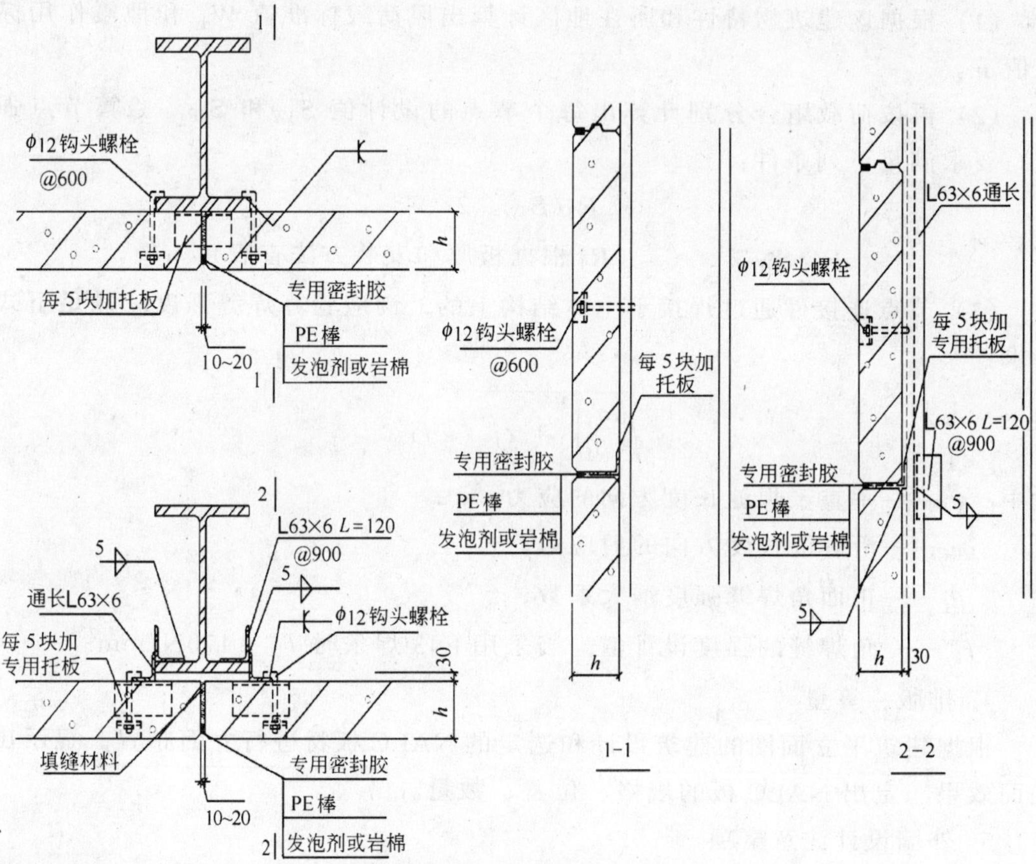

图 4-2-5　横墙钩头螺栓法

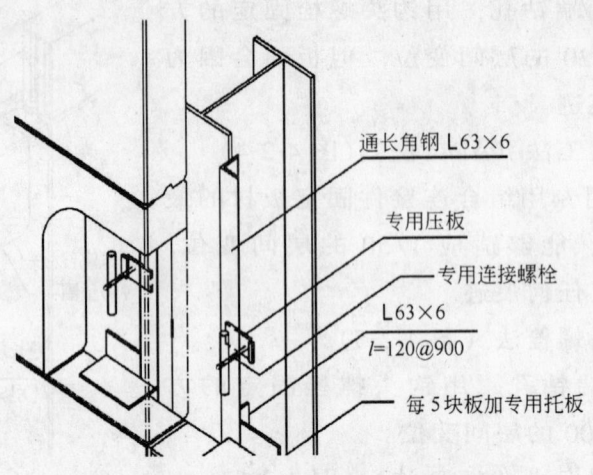

图 4-2-6 横墙摇摆工法（ADR）

3．荷载计算、验算节点强度

（1）根据该建筑物特性和所在地区计算出风荷载标准值 W_K 和地震作用标准值 F。

（2）再按荷载组合分别计算出每个节点的设计值 S_{JW} 和 S_{JF}，验算节点强度，要求满足下列条件：

$$R_J/S_{JW} \geqslant 2$$

$$R_J/S_{JF} \geqslant 2 \quad （R_J 根据板厚和安装方法查表）$$

（3）节点连接件通过焊接于主体结构上的，尚应验算焊缝强度，满足下式要求：

$$\sqrt{\left(\frac{\sigma_f}{\beta_f}\right)^2 + \tau_f^2} \leqslant f_f^w$$

式中　σ_f——垂直于焊缝长度方向的应力；

τ_f——沿焊缝长度方向的剪应力；

β_f——正面角焊缝强度增大系数；

f_f^w——角焊缝的强度设计值，当采用 E43 焊条时 $f_f^w = 170\text{N}/\text{mm}^2$。

4．排版、算量

根据建筑平立面图的建筑设计和选定的 NALC 板材进行立面布置，显示出立面效果，定出 NALC 板的规格、位置、数量。

5．外墙设计注意事项

（1）NALC 板材安装应作为两端支承简支板通过节点连接件支承在主体结构构件上。板两端搁置长度不小于 30mm。

（2）外墙外挂板和结构主体间应保持 30mm 左右的空隙，以调整施工误差。

（3）混凝土楼板应先于墙板施工。竖墙板和楼板相接处，混凝土楼板边应留出 70～100mm 空条带，待墙板安装完成后二次浇灌。

（4）NALC 板竖装结构钢梁宜沿外边设置；NALC 板横装结构钢梁宜离开外柱边大于等于 80mm。

（5）大柱距间加间柱和大层高间加层间梁供 NALC 板安装时除应满足强度要求外，还应进行变形验算，有时还应考虑抗扭条件。

（6）洞口需要进行加固，加固材料应满足在风荷载和自重作用下的强度和变形要求。参见表 4-2-16。

外墙洞口加固钢材选用表　　　　　　　　　表 4-2-16

板厚 (mm)	板竖装 洞口尺寸($B \times A$)	A	B	选用加固方法页次	板横装 洞口尺寸($B \times A$)	A	B	选用加固方法页次
100	$(B \leqslant 1200) \times (A \leqslant 1200)$	-70×8	-70×8		$(B \leqslant 1200) \times (A \leqslant 1200)$	-70×8	-70×8	
	$(1200 < B \leqslant 1800) \times (1200 < A \leqslant 1800)$	-80×8	-70×8		$(1200 < B \leqslant 1800) \times (1200 < A \leqslant 1800)$	-70×8	-80×8	
	$(1800 < B \leqslant 2400) \times (1500 < A \leqslant 1800)$	-90×8	-80×8		$1800 < A \leqslant 2400$	-80×8	-90×8	
125	$(B \leqslant 1500) \times (A \leqslant 1500)$	-80×8	-70×8		$(B \leqslant 1500) \times (A \leqslant 1500)$	-70×8	-80×8	
	$(1500 < B \leqslant 2400) \times (1500 < A \leqslant 1800)$	-90×8	-80×8		$(1500 < B \leqslant 2400) \times (1500 < A \leqslant 1800)$	-80×8	-90×8	
	$2400 < B \leqslant 3000$	L 90×8	L 80×8		$1800 < A \leqslant 2400$	-80×8	-90×8	
150	$(B \leqslant 1500) \times (A \leqslant 1500)$	-80×8	-70×8		$(B \leqslant 1500) \times (A \leqslant 1500)$	-70×8	-80×8	
	$(1500 < B \leqslant 2400) \times (1500 < A \leqslant 1800)$	-100×8	-80×8		$(1500 < B \leqslant 2400) \times (1500 < A \leqslant 1800)$	-80×8	-100×8	
	$2400 < B \leqslant 3000$	L 90×8	L 80×8		$1800 < A \leqslant 2400$	L 80×8	L 90×8	

选用说明：1. 本选用表仅适用于设计风压标准值小于等于 $1400N/m^2$。

2. 当竖装板建筑层高小于等于 3300mm，横装板柱距小于等于 3600mm 时，可按表选用。若超过此值以及洞口各局部尺寸有一项不满足选用条件的，均应通过计算确定加固材料和方法。

3. 内墙洞口加固可参照外墙洞口加固选用表适当减少扁钢厚度。内墙竖装板洞口宽小于等于 1200mm 时，可用 U 形扁钢加固。

4. 加固钢材和地面连接时可焊于钢梁、板上，也可用 2M12 膨胀螺栓在混凝土梁板上固定 $-100 \times 100 \times 6$，加固钢材焊于钢板上。

5. 如采取适当的施工措施，可以通过计算采用 T 型钢加固。

（7）板材切割开洞开槽应严格遵守以下规定，超过规定应进行加固处理。

在 NALC 板上切槽时，一般为纵向切槽，深度小于等于 1/3 板厚；不宜纵向切槽，必须横向切槽时，外墙板槽长不大于 1/2 板宽，槽深不大于 20mm，槽宽不大于 30mm。参见图 4-2-7。

（8）在 NALC 墙板规定位置设置伸缩缝。

1）竖墙：大规模建筑每 20m 设一条缝；墙板横缝；转角处竖缝；角材边缝。

2）横墙：每 3～5 块板加托板处的横缝；墙板竖缝；转角处竖缝；角材边缝；与基础梁相接缝。

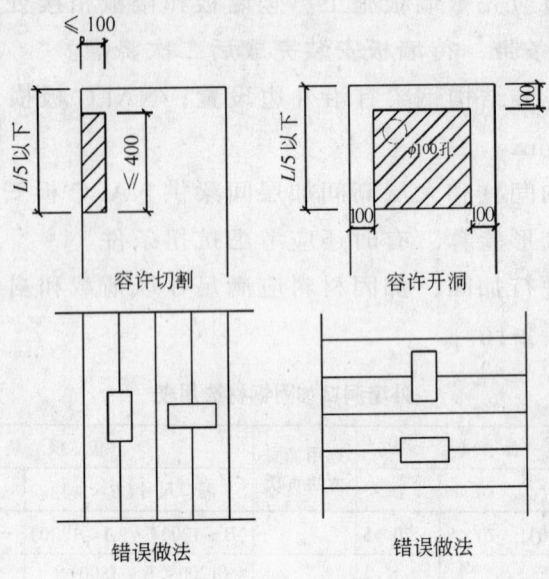

图 4-2-7 NALC 外墙板上开洞

(9) 连接铁件必须镀锌防锈;连接钢材必须用防锈漆防锈;焊缝必须清除焊渣,刷防锈漆。

(10) 竖墙女儿墙高度 >6h 时（h 为 NALC 板厚），应作一安装层处理,横墙女儿墙应将结构柱或另加小柱伸出屋面,供安装 NALC 板。参见图 4-2-8 和图 4-2-9。

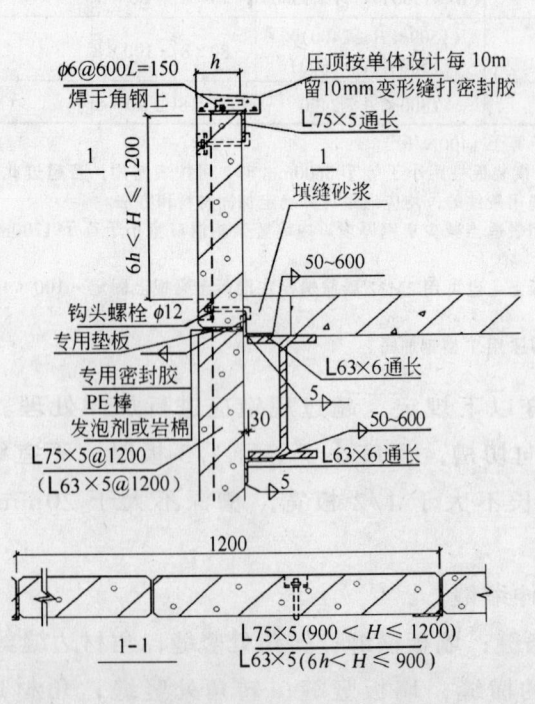

图 4-2-8 竖墙女儿墙（6h-1200）

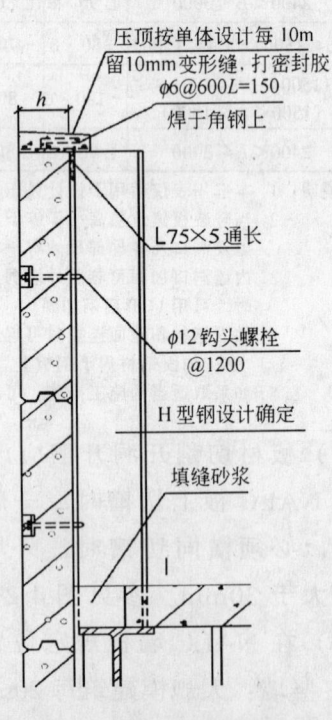

图 4-2-9 横墙女儿墙

（11）女儿墙顶必须做压顶，可采用混凝土压顶或金属压顶。

4.2.3 隔墙设计

1. 隔墙板的选择

隔墙板一般采用竖装，也可以横装，选择板材时应根据房间隔声指标要求初步确定 NALC 板的厚度，再结合楼层高度和其他使用要求最后确定板材厚度。参见表 4-2-17。

NALC板隔墙空气隔声性能指标表　　　　表 4-2-17

NALC板厚度（mm）	R 平均隔声量（dB）	表面装饰做法
75	35.8	光板
75	39.6	两面各1mm涂料腻子
100	36.7	光板
100	40.8	两面各1mm涂料腻子
125	41.7	光板
125	45.1	两面各3mm砂浆
150	43.8	光板
150	45.6	两面各3mm涂料腻子
175	46.7	光板
175	48.1	两面各1mm涂料腻子
200	47.6	光板
200	49.1	两面各3mm涂料腻子

2. 隔墙安装方法（见图 4-2-10～图 4-2-12）

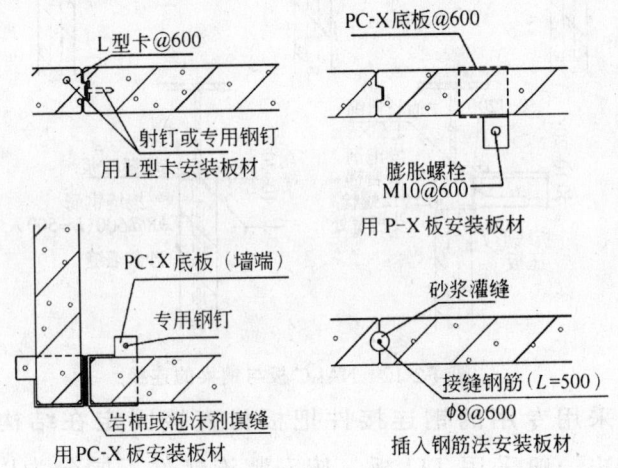

图 4-2-10　NALC板之间的连接

（1）插入钢筋法

采用 C 型板，依靠板缝两端固定的钢筋和灌入的水泥砂浆形成的"小销柱"将板材连接成整体，是一种基本的、应用最多的安装方法。

（2）干式工法

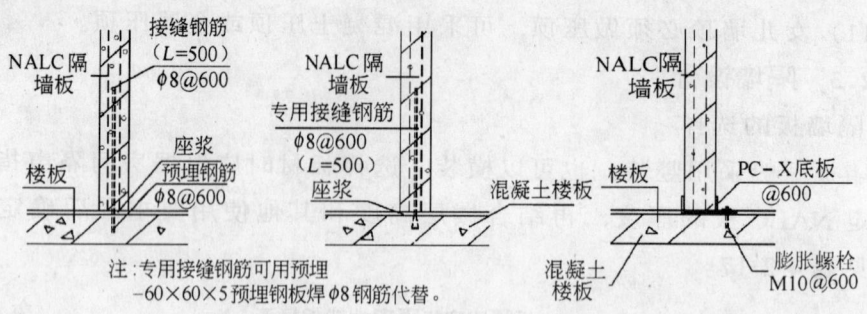

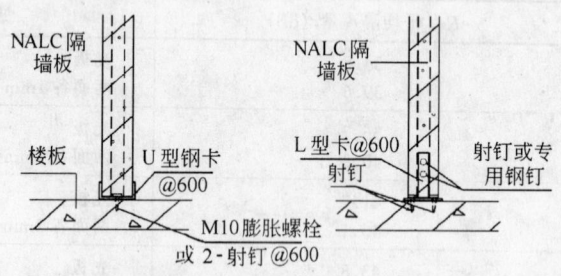

图 4-2-11 NALC 板与楼板的连接

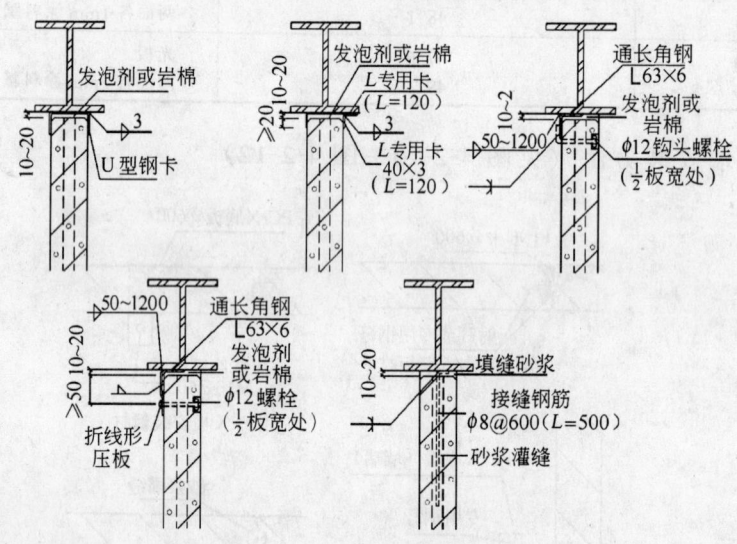

图 4-2-12 NALC 板与钢梁的连接

干式工法是采用专用的钢连接件把板材直接固定在结构构件上的安装方法，这种安装方法一般采用 TU 板。按安装连接件不同分为以下几种方法：

1）U 型钢卡法

板上下端接缝处都采用 U 型钢卡或上端采用 U 型钢卡、下端采用其他方法安装。

2）L 构件法

上端接缝处采用两条通长 L 轻型钢而下端采用其他安装方法。

3）螺栓连接法

上下端都采用螺栓连接或上端采用螺栓连接、下端采用其他安装方法。

4）PC板法

上下端板缝处采用专门的连接板安装的方法。

5）L卡法

上端采用其他安装方法，下端接缝处采用L型卡的安装方法。

6）管板法

上下端采用专用管卡安装的方法。

3．墙板排版算量

在选定隔墙板厚度和安装方法后，对每一道隔墙进行排版设计，合理组合板型，做好拼接处理（绘出排版平立面图），最后算出各种规格板材用量。

4．重物安装

（1）轻便物品如挂钩、小件器具等，可用 ϕ9mm 胀管螺丝固定。

（2）重物：如脸盆、小便斗、吊柜、80L以下热水器水箱、壁挂式空调器等可用 M10 对穿螺栓固定。如图 4-2-13 所示。

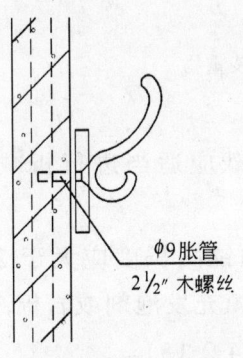

轻便挂钩

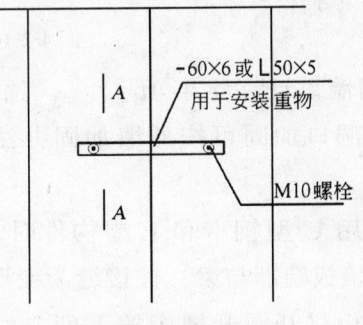

墙上安装重物（一）

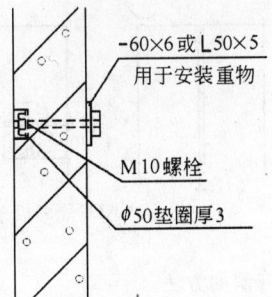

A-A

墙上安装重物（一）选用表

墙板厚度 (mm)	容许重量(kg)	
	静荷载	动荷载
75	80	60
100	110	80
125	140	100

注：超过上表范围可选用墙上安装重物（二）(图 4-2-14)

图 4-2-13 NALC 板上的重物安装

（3）重物：如大于 80L 热水器等，在板缝内加角钢，然后在角钢上安装（见图 4-2-14）。

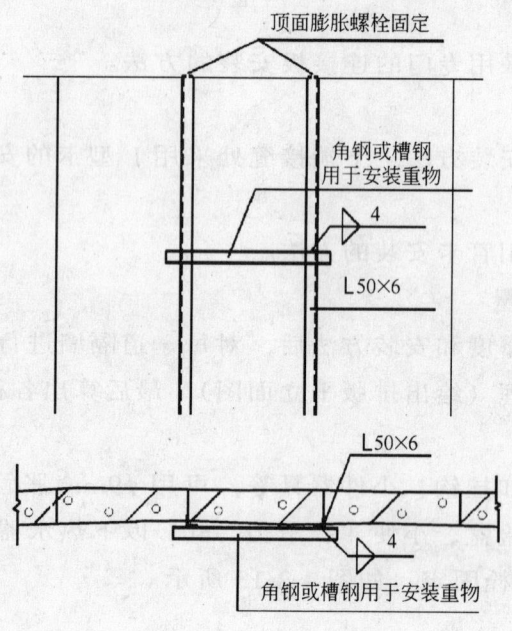

图 4-2-14　墙上安装重物

5．隔墙设计注意事项

（1）洞口加固可按外墙加固办法，风荷载应适当进行折减（按 50%～70% 计算）。

（2）用 U 型钢卡和 L 型构件时，板顶的锚固长度应大于 20mm。

（3）墙板端部与梁、柱接缝为变形缝，应填充发泡剂或岩棉，用勾缝剂封闭。

（4）板材开洞开槽应按下列方法（见图 4-2-15）。

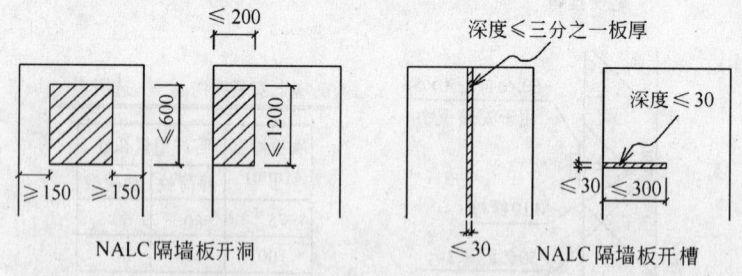

图 4-2-15　板材开洞的方法

4.2.4　NALC板墙面后处理设计

1．板缝处理

（1）外墙缝做法（见图 4-2-16）

（2）隔墙缝做法（图 4-2-17）

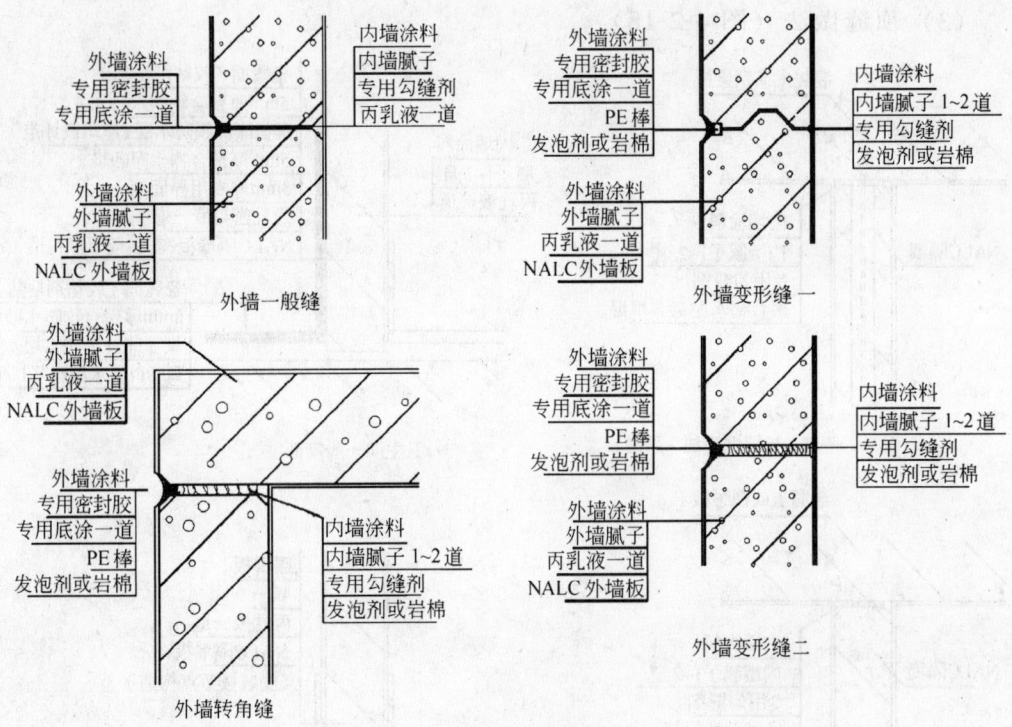

图 4-2-16 外墙缝做法

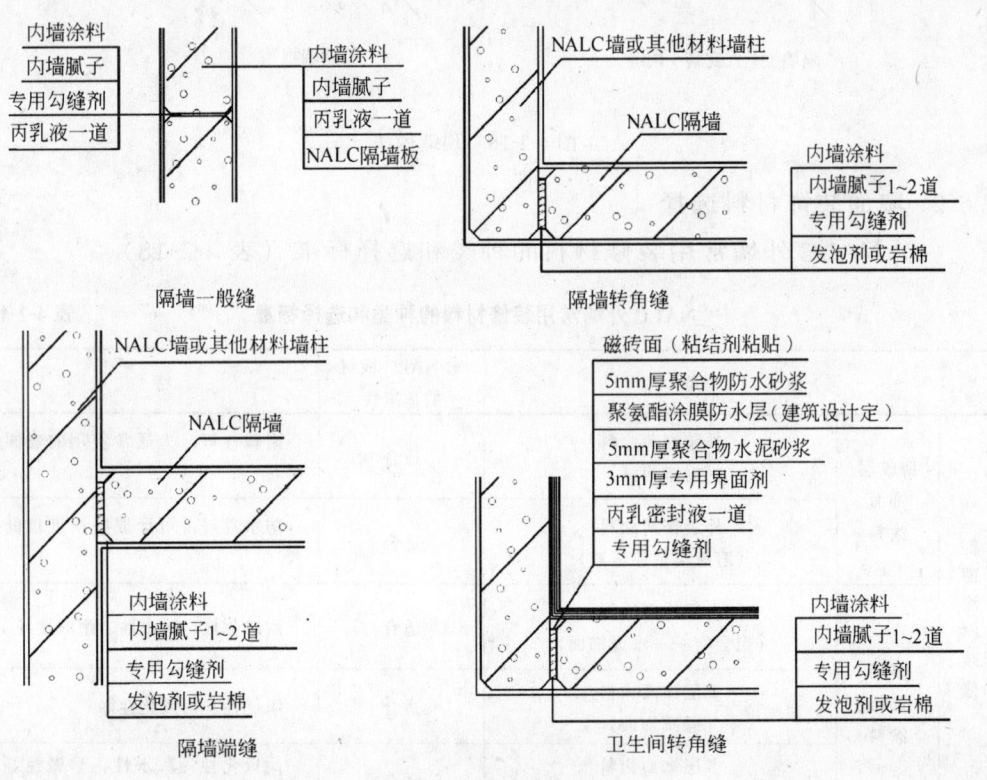

图 4-2-17 隔墙缝做法

(3) 顶缝做法（图 4-2-18）

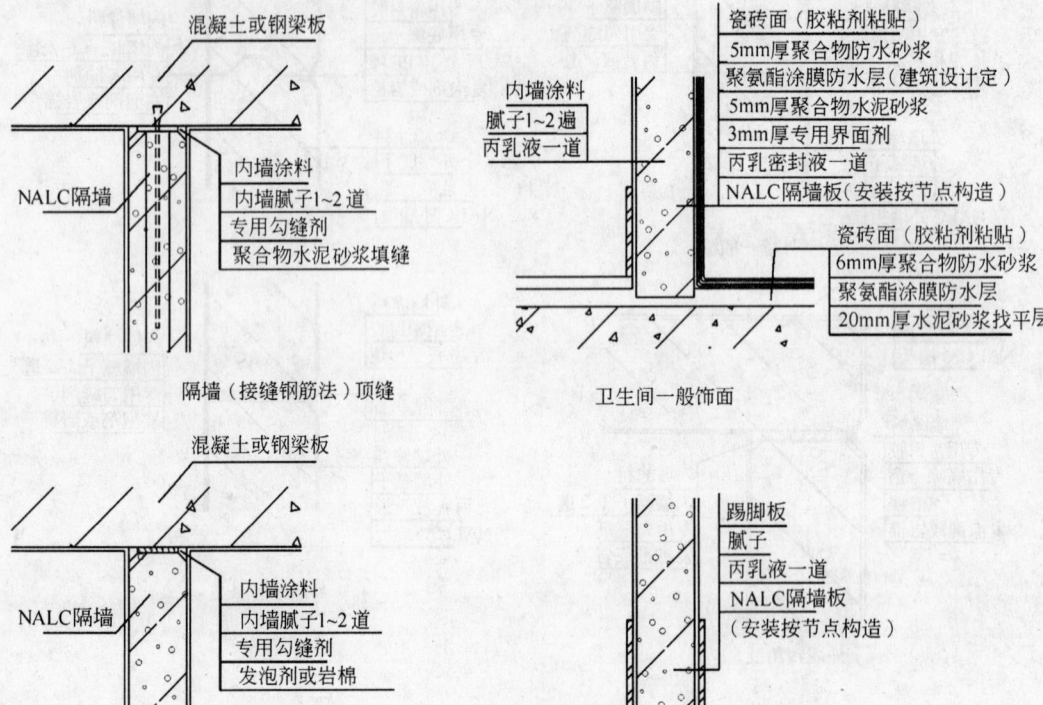

图 4-2-18 顶缝做法

2. 墙面装饰材料选择

(1) NALC 外墙常用装修材料的种类和选择标准（表 4-2-18）

NALC 外墙常用装修材料的种类和选择标准　　　　表 4-2-18

种　类			对 NALC 板材的适应性	特　点
饰面涂料装修	薄胶层饰面涂料	外装修薄涂料（树脂溶液）	适合	耐碱性好，为通常使用的表面装修材料
		外装修薄涂料（溶液类树脂溶液）	适合	防水性好，可形成磨损度很低的涂膜
	多层饰面涂料	多层饰面涂料（聚合物——水泥饰面）	适合	耐风化性、防水性、耐碱性好
		多层饰面涂料（硅质饰面）	适合	阻燃性、耐风化性好
		多层饰面涂料（丙烯酸饰面）	适合	耐风化性、防水性、耐碱性好，为通常使用的表面装修材料

续表

种类		对NALC板材的适应性	特点
饰面涂料装修	防水层多层饰面涂料	防水层多层饰面涂料（合成树脂系饰面涂料）	适合	防水性、抗裂性以及耐风化性好
		防水层多层饰面涂料RS（聚氨酯类反应硬化型涂料）	适合	
成形板材装修			使用时需注意	重量轻的成形板材可以安装在龙骨上，然后用螺栓固定在NALC板上
贴瓷砖装修			使用时需注意	专用加气混凝土界面剂2~3mm，小型瓷砖可以根据NALC专用规格铺贴
抹专用灰浆（或聚合物水泥砂浆）			使用时需注意	专用加气混凝土界面剂2~3mm，聚合物水泥砂浆

(2) 内墙装修材料的种类和选择标准（表4-2-19）

内墙装修材料的种类和选择标准　　　　　　表4-2-19

种类			对NALC板材的适应性	特点
饰面涂料装修	薄胶层饰面涂料	内装修薄涂料（树脂饰面溶液）	适合	耐碱性好
		内装修薄涂料（溶液类树脂溶液）	适合	耐碱性好，涂膜表面不易擦伤
		内装修薄涂料（纤维墙）	使用时需注意	吸声、隔热、湿度调节性好。使用具有耐碱性的材料
	多层饰面涂料	多层涂料（聚合物水泥饰面）	适合	耐风化性、耐碱性好
		多层涂料（硅质饰面）	适合	阻燃性、耐风化性好
		多层涂料（丙烯酸饰面）	适合	耐风化性、防水性、耐碱性好
涂油漆			使用时需注意	适合用合成树脂乳胶漆，仅能做墙的单面
抹灰浆饰	砂浆	加气混凝土界面剂+聚合物水泥砂浆	适合	2~3mm原加气混凝土界面剂上粉刷加108胶的水泥砂浆或混合砂浆一次涂抹5~8mm
	灰浆	石膏灰浆	适合	使用已调配好的灰浆，涂抹厚度可以有5~8mm
		树脂灰浆	适合	为已调配好的油灰状饰面材料，涂抹厚度可以有3~5mm饰面层
板材饰面		木龙骨施工法	适合	通过龙骨安装板材的施工方法，隔热性、隔声性好。通常采用

85

3. 墙面装饰常用做法（表 4-2-20）

墙面装饰常用做法　　　　　　　　表 4-2-20

	乳胶漆（或涂料）墙面（一）	乳胶漆（或涂料）墙面（二）	面砖墙面
外墙做法	1. 乳胶漆（或涂料）一底二面 2. 刮防水腻子 1~2 遍 3. 丙乳密封液一遍 4. 板缝处理（打密封胶）	1. 乳胶漆（或涂料）一底二面 2. 刮防水腻子 1~2 遍 3. 涂刷 NALC 界面剂浆液一遍 4. 丙乳密封液一遍 5. 板缝处理（打密封胶）	1. 瓷砖防水胶粘剂贴面砖，本色水泥擦缝 2.2~3 厚 NALC 界面剂 3. 丙乳密封液一遍 4. 板缝处理（打密封胶）
内墙做法	1. 乳胶漆（或涂料）一底二面 2. 刮腻子 1~2 遍 3. 丙乳密封液一遍 4. NALC 勾缝剂填缝	1. 乳胶漆（或涂料）一底二面 2. 刮腻子 1~2 遍 3.2~3 厚 NALC 界面剂 4. 丙乳密封液一遍 5. NALC 勾缝剂填缝	1. 瓷砖防水胶粘剂贴面砖，本色水泥擦缝 2.5 厚 1:3 防水水泥砂浆 3.（原设计涂膜防水层） 4.5 厚 1:4 聚合物水泥砂浆 5.2~3 厚 NALC 界面剂 6. 丙乳密封液一遍 7. NALC 勾缝剂填缝（卫生间墙根缝打密封胶）
	在内墙端缝、转角缝、不同材料交接缝等位置可采用加强做法如下： 1. 乳胶漆（或涂料）一底二面 2. 刮腻子一遍 + 网格布 + 腻子一遍 　刮一遍腻子后，随即塑性压贴 100mm 宽耐碱玻纤网格布（轻拍抹压嵌入）。待腻子干后再刮第二遍腻子 　（如采用先刮一层界面剂做法时，则在抹界面剂后随即塑性压贴 100mm 宽耐碱玻纤网格布，再做腻子） 3. 遍刷丙乳液一遍 4. NALC 勾缝剂填缝		

4.2.5 屋面设计

1. 屋面（楼面）的选择

热工计算确定板厚或查满足隔热保暖节能标准的 NALC 板厚表初步选定板厚。

雪荷载计算：按《建筑结构荷载规范》。

$$S_K = \mu_r S_0$$

式中　S_K——雪荷载标准值（kN/m²）；

　　　μ_r——屋面积雪分布系数；

　　　S_0——基本雪压，（kN/m²）。

屋面活荷载，按使用情况选择上人、不上人、屋顶花园等情况的标准值和组合系数。但屋面均布活荷载不应与雪荷载同时组合。

屋面防水层及找平层按实际做法计算其标准荷载。

以雪荷载和活荷载中的大者加上屋面防水层和找平层重量作标准值计算出

的板厚与热工计算的板厚比较确定板厚，并计算配筋，进行板材生产。

2．屋面板（楼板）安装方法：敷设钢筋法

敷设钢筋法是钢结构屋面安装的基本方法，它通过每块板板端接合处焊在钢梁（或钢檩条）上的穿筋压片限定板位，且通过板缝灌浆固定板材的拉结钢筋，从而可靠地将 NALC 板安装在钢梁（或钢檩条）上。如图 4-2-19 所示。

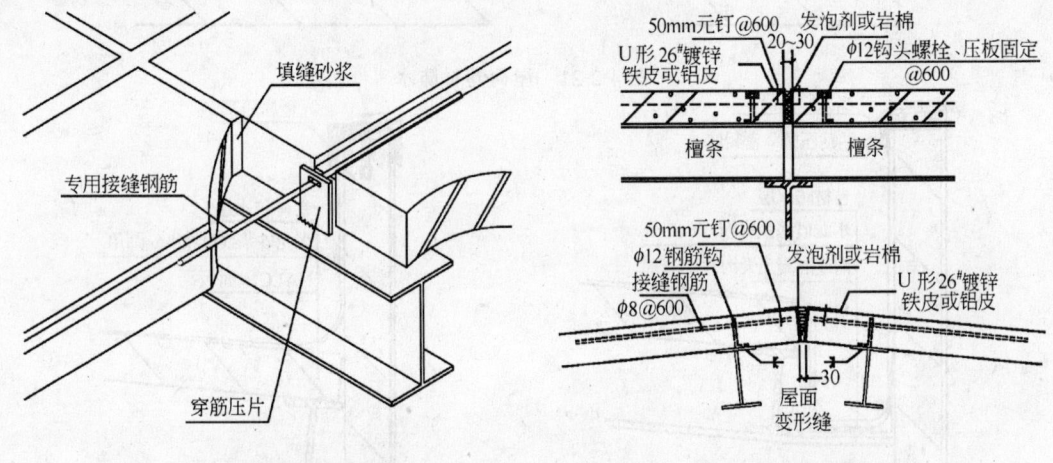

图 4-2-19 敷设钢筋法安装屋面板　　图 4-2-20 屋面变形缝

3．屋面设计注意事项

（1）屋面板必须两端搁置、简支受力。搁置端不小于 40mm，且必须平整。

（2）屋面的水平剪切力由结构主体承担，为此，屋面梁（或檩条）间需设置水平支撑。

（3）屋面上凡需开洞部位都应该在洞口用钢材加固。钢材大小应视洞口及荷载大小而定。

（4）开放型的屋顶及挑檐、露天看台等都应考虑风荷载作用。

（5）屋面排水应采用结构找坡，不应用建筑找坡。如小型屋面需建筑找坡时，除应考虑荷载增加的因素外，还应采取措施防止砂浆收缩造成不良影响。

（6）屋面板上禁止开槽。

（7）大规模建筑屋面屋脊处和长度方向每隔 15～18m 应设变形缝，见图 4-2-20。

4．屋面防水

（1）屋面防水一般采用卷材防水，可直接在 NALC 板面上粘贴卷材，或者在板面上做一层专用界面剂和砂浆，再粘贴卷材。见图 4-2-21。

（2）女儿墙、天沟（图 4-2-22）。

（3）水落管及排水漏斗（图 4-2-23）。

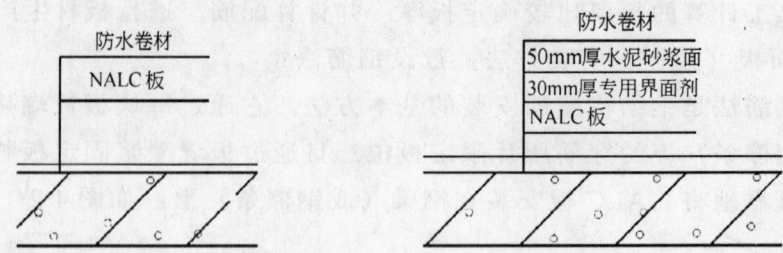

图 4-2-21 屋面卷材防水

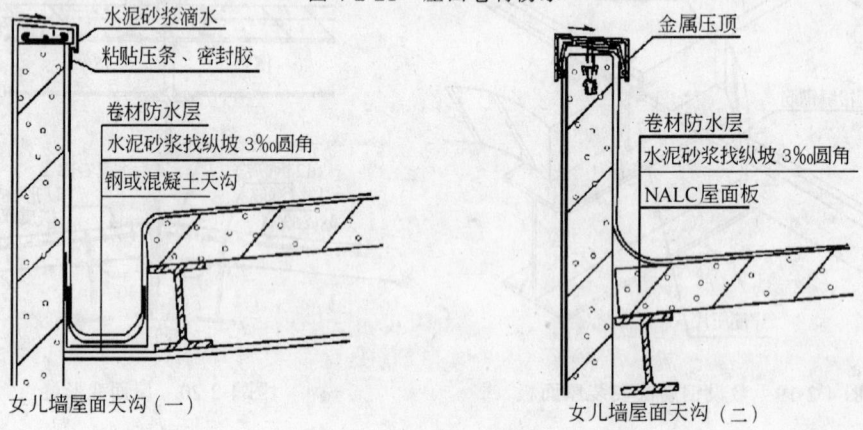

图 4-2-22 女儿墙、天沟

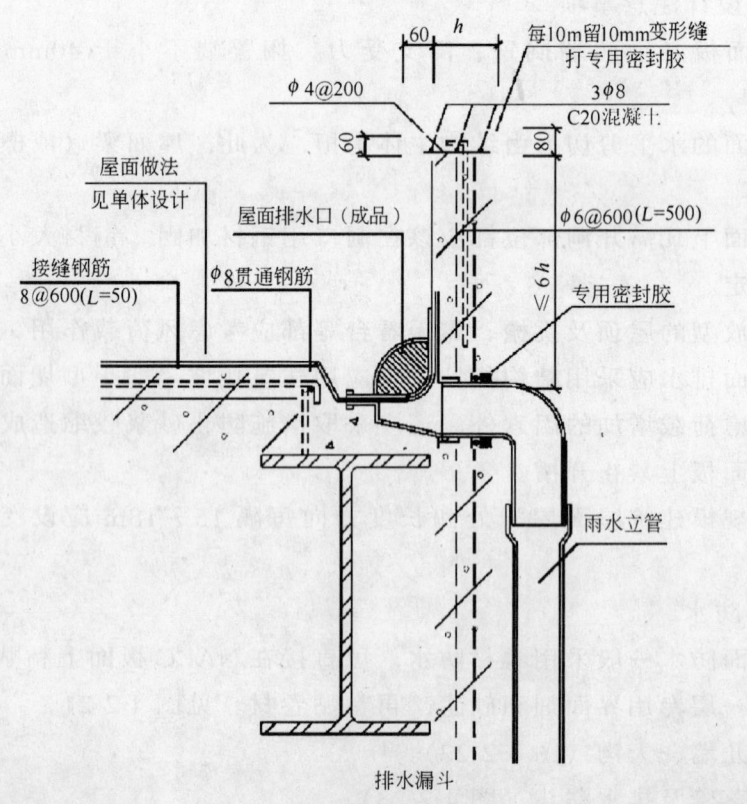

图 4-2-23 水落管及排水漏斗

4.3 NALC围护结构的施工

4.3.1 开工前的准备工作（签订合同后）

（1）根据工程设计建筑图和结构图按NALC板的设计计算和安装方法设计所有节点，并绘制排版图，计算板材、辅材和连接件的用量。并将节点图、排版图提交原设计人员确认、签字。

（2）按确认后的板材规格数量下达生产加工指令，采购配套相应的辅材和连接件，按时运输进场。

（3）向总包方（并通过总包方向监理和业主）提交施工组织设计，包括质量保证措施。

（4）根据工程情况配备相应的施工人员和施工管理人员，办理相应证照，人员进场。

（5）配备需要的施工机具，如吊车、吊具、电动葫芦、小型卷扬机、小型运输车、电焊机、切割机、电钻、灌浆器、锯、铲、锹和一般瓦工工具等。

（6）总包单位的协调工作

脚手架一般由工程总包方提供，外墙脚手一般要求为双排脚手，脚手架全部横杆端距墙面约500mm，步距为1/2层高，每层水平方向间隔9m左右设一道连楼拉杆。如图4-3-1所示。

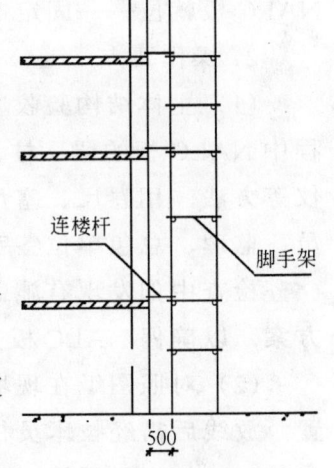

图4-3-1 脚手架安装

垂直运输一般是通过施工塔吊将NALC板顺次送到各楼层，吊运前各层楼应依次在各层楼口搭设一接货平台，NALC板吊上平台后及时转运到该层相应的安装位置。

堆放场地宜选建筑物旁平整坚实的场地，供NALC板运输进场时卸车堆放用。

水电供应，总包单位应每层间隔40～50m长提供一配电箱，供施工接电源用。如有条件，每楼层最少提供一个水源，解决施工用水。

4.3.2 工艺流程及要点

1. 工艺流程

（1）插入钢筋法

主体结构验收——放线——安装门窗洞口加固角钢或扁钢（或安装洞两边板后安装U型扁钢加固框）——打膨胀螺栓（或焊接接缝钢筋）——安装NALC板——校正调整——灌浆——外墙安PE棒打密封胶（内墙用专用勾缝剂填缝）——报验

（2）钩头螺栓法

主体结构验收——放线——焊接导向角钢和托板——安装门窗加固角钢或扁钢（或安装洞两边板后安装 U 型扁钢加固框）——板钻孔——NALC 板就位，安装钩头螺栓——校正——钩头螺栓焊接——防锈修补——外墙安 PE 棒打密封胶（内墙用专用勾缝剂填缝）——报验

（3）ADR 法

主体结构验收——放线——焊接导向角钢（托板横放）——安装门窗加固角钢（或安装洞两边板后安装 U 型扁钢加固框）——NALC 板上安装联接杆——NALC 板就位，拧紧螺栓——校正——焊接托板压板——防锈——外墙安 PE 棒打密封胶——报验

（4）内墙干法

主体结构验收——放线——打膨胀螺栓、射钉或焊接固定上部钢卡——NALC 板就位——固定下部钢卡——校正——专用勾缝剂填缝处理——报验

2．操作要点

（1）主体结构验收应根据业主或总包方提供的基准点或基准轴线对已完工程中 NALC 板的梁、柱、安装面进行检测，检测用拉线、吊线、水准仪、经纬仪等方法，用卷尺、塞尺、靠尺等进行测量。检查结果应作好记录，并由技术员、监理、总包单位签字。

检查中如发现有施工误差严重超标的，应提请业主或监理进行整改或调整方案，以确保 NALC 板安装质量。

（2）对照图纸在现场弹出轴线和一道边线，并按排版设计标明每块板的位置，放线后需经技术员校核认可。

（3）打膨胀螺栓（或焊接接缝钢筋）应在 NALC 板材就位前进行，以防止接缝钢筋打歪扶正的不正确做法或紧靠板焊接烧坏 NALC 板。

（4）焊接的导向角钢必须顺直，不直的必须事先调直。焊接时必须按设计和标准图规定确保焊缝厚度、长度和焊缝质量。

（5）门窗洞口加固角钢应在板就位前按设计位置安装；如洞口用扁钢加固时，则应先装已焊接好的加固框，再装洞口上下两端 NALC 板。用扁钢加固的门窗洞口端板就位后应及时上好自攻螺丝，自攻螺丝应用电动起子上到刚好的位置，不能多拧造成报废。

（6）板的钻孔、预装连接杆等均应在现场根据实际尺寸预先作好。NALC 板的安装，一般应从洞口向两边进行。

（7）每装一块板都应用吊线和 2m 靠尺进行检查，合格后才能固定；每装好每两轴线间的一道墙，用拉线检查，发现超过规定误差的应进行调整，调整时应放松螺栓，扶稳，用橡皮锤垫木敲击或用木塞挤动等方法，禁止用撬棍硬撬，损坏 NALC 板。

（8）灌缝砂浆应有足够流动性，灌浆时可轻轻敲击板缝处，以细铁丝检查或有浆溢出和控制总的灌浆量等多种方法检查，确保灌浆密实，板长超过5m时可在板中开孔，分两段灌浆。

（9）所有焊缝均应将焊渣清除干净，除接缝钢筋外均应满涂防锈漆。

（10）按设计正确选择材料，做好底涂，处理好板缝。外墙上规定填PE棒处不能遗漏；打胶必须保证没有中断、遗漏，板缝顺直。

4.3.3 施工组织

（1）每项工程应设项目经理一人，实行项目经理负责制。下设技术员、质量员、核算员、资料员、材料员、安全员等，各负其责。下设各班组为基本作业小组，各小组单独进行考核。

（2）NALC板安装从下到上一层一层、一个轴线一个轴线依次有序进行，各工种要步步衔接，各工作面应按工序流水作业施工，一单元一单元完工，一层一层完工。

（3）按人工基本工作定额（5～10m²/工日）组织进场人数，并以此计算日进度、月进度，计算出总工期，安排工程进度计划。

4.3.4 质量保证措施

1．质量保证体系

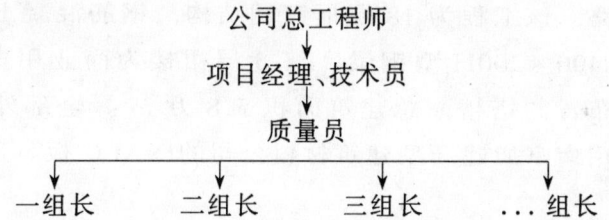

2．质量标准

NALC板安装构造按国标03SG715。

NALC板材安装允许误差 表4-3-1

项次	项目名称	允许误差	检测方法
1	轴线位置	10mm	经纬仪，拉线，尺量
2	墙面垂直度	3mm	2m托线板，全高用经纬仪，吊线
3	板缝垂直度	3mm	2m托线板，拉线
4	板缝水平度	3mm	拉线尺量
5	表面平整度（包括拼缝高差）	3mm	2m靠尺，塞尺
6	洞口偏移	±8mm	尺量
7	墙顶标高	±15mm	尺量

3．保证质量的措施

（1）搞好人员组织：按工程量、工期、复杂程度配置足量的安装人员，合理分组，合理配备技术工种，确保工程顺利进行。

（2）合理配置必要的施工机具，保证每组有电焊机、小型卷扬机、葫芦、大小切割机、冲击钻和其他专用设备。

(3) 认真熟悉图纸，熟悉现场，搞好二级交底，设计人员向项目经理和施工技术人员交底；技术员向施工小组交底，做到人人明白。

(4) 认真做好NALC板材及辅材进场质量验收，对损坏超过规定的应予剔除。按规定进行堆放，并向总包方和监理提供质保书。

(5) 安装中认真执行有关规范、规程，严格按照标准图集和设计图纸施工，特别要严格按照操作程序和使用规定的材料施工。禁止随意变更和违规操作。工程变更按规定程序办理。搞好工序管理，保证工序质量。

(6) 严格执行"三检"制度，即自检、互检、专检，严格按国家有关施工验收规范及标准验收，严格隐蔽工程验收并做好检验记录。做到不合标准的坚决整改，否则不得交工。

(7) 做好后期养护和成品保护，及时清理施工现场。

4.4 工 程 实 例

4.4.1 上海中福城（二期）项目

上海中福城（二期）钢结构高层住宅，地处上海市汉口路浙江中路路口，紧临外滩和南京路，该工程为18层框筒钢结构，钢筋混凝土核心筒、钢管混凝土框架柱、HN400×200H型钢梁，1~3层裙楼为商业用房，4~18层住宅共三幢呈品字形布置的塔楼，总建筑面积5.8万 m^2。全部外墙、钢梁防火保护和部分隔墙采用南京旭建新型建筑材料公司的NALC板。

1．外墙设计

(1) 外墙满足节能标准，选用150厚NALC板（东西南三面按业主要求选用200厚NALC板）。

按原建筑设计要求，北墙为外挂板，其他三面为内嵌安装。

(2) 风荷载作用下节点强度验算

1) 外墙风荷载标准值

$$w_k = \beta_{gz}\mu_S\mu_z\omega_0$$
$$= 1.94 \times (-1.8) \times 0.93 \times 0.55$$
$$= -1.79(kN/m^2)$$

取上海郊区（在黄浦江边）：阵风系数 $\beta_{gz}=1.94$
体形系数 $\mu_S=-1.8$
高度变化系数 $\mu_z=0.93$
上海地区基本风压 $\omega_0=0.55kN/m^2$

2) 点风荷载标准值（NALC板尺寸2900mm×600mm×150mm，每板2

个连接点）

$$w_{kJ} = 1.79 \times 2.9 \times 0.6/2 = 1.56 \text{kN}$$

3）节点风荷载设计值

$$S_J = 1.56 \times 1.4$$
$$= 2.18 (\text{kN})$$

4）150 厚 ADR 节点试验强度为 $R_J = 15071$ N

节点允许强度为 $R = R_J/2 = 7536\text{N} > S_J = 2180\text{N}$

合格！

5）ADR 节点螺栓强度校核：M12 普通螺栓

M12 螺栓有效面积：

$$A_e = \frac{\pi}{4}\left(d - \frac{13}{24}\sqrt{3}p\right)^2$$
$$= \frac{\pi}{4}\left(12 - \frac{13}{24}\sqrt{3} \times 1.5\right)^2$$
$$= 88.13 (\text{mm}^2)$$
$$f_t^b = 170\text{N/mm}^2$$

M12 螺栓强度：$S_L = N_t^e = A_e f_t^b = 88.13 \times 170 = 14982$（N）$> S_J = 2180$（N）

合格！

6）通长连接角钢焊缝验算

板自重：$P_g = 2.9 \times 0.6 \times 0.15 \times 6.5 \times 1.2$
$$= 2.03 （\text{kN}）$$

节点风荷载：$P_w = -2.18$（kN）

①板自重在焊缝 1 处产生的拉力：

$$F_{g1} = (100 + 30) \times P_g/33$$
$$= 8.0(\text{kN})$$

风荷载在焊缝 1 处产生的拉力：

$$F_{w1} = (83P_w - 63P_w)/33$$
$$= (83 \times (-2.18) - 63 \times (-2.18))/33$$
$$= -1.32(\text{kN})(压力)$$

风荷载作用下焊缝 1、2 处产生的剪切力：

$$F_\tau = P_w + P_w = 4.36 （\text{kN}）$$

焊缝 1

$$l_1 = 50 - 10 = 40(\text{mm}), h_2 = 6 \times 0.7\cos(120°/2) = 3.53(\text{mm})$$
$$\sigma_{wg1} = \frac{(8 - 1.32) \times 1000}{3.53 \times 40} = 47.31(\text{N/mm}^2)$$

$$\tau_{w1} = \frac{0.3 \times 4.36 \times 1000}{3.53 \times 40} = 9.26(\text{N/mm}^2)$$

$$\sigma_1 = \sqrt{\left(\frac{\sigma_{wg1}}{\beta_t}\right)^2 + \left(\frac{\tau_{w1}}{\beta_t}\right)^2} = \sqrt{\left(\frac{47.31}{1}\right)^2 + \left(\frac{9.26}{1}\right)^2}$$

$$= 48.21(\text{N/mm}^2) < 170(\text{N/mm}^2)$$

合格!

②板自重在焊缝2处的压力：

$$F_{g2} = P_g - F_{g1} = -2.03 - 8 = -10.03(\text{kN})$$

风荷载在焊缝2处产生的拉力：

$$F_{w2} = (63P_w - 83P_w)/33$$
$$= (63 \times (-2.18) - 83 \times (-2.18))/33$$
$$= 1.32(\text{kN})$$

焊缝2因板自重和风荷载产生的拉力为：

$$F_{wg2} = 10.03 - 1.32 = 8.71 \text{ (kN)}$$

它是压力，实际上不由焊缝承担，而是由H型钢梁承担，可以忽略其应力核算。风荷载在焊缝2的剪切力：

$$l_2 = 50 - 10 = 40 \text{ (mm)}, \quad h_2 = 6 \times 0.7 = 4.2 \text{ (mm)}$$

$$\tau_{w2} = \frac{0.7 \times 4.36 \times 1000}{4.2 \times 40} = 18.17 \text{ (N/mm}^2) < 170 \text{ (N/mm}^2)$$

合格!

(3) 地震力作用下节点强度验算

1) $F = \gamma \eta \xi_1 \xi_2 \alpha_{\max} G$

式中　F——沿最不利方向施加于NALC墙体重心处的水平地震作用标准值；
　　　γ——NALC墙体功能系数，查表，按乙类建筑取 $\gamma = 1.4$。
　　　η——NALC墙体类别系数，$\eta = 0.9$。
　　　ξ_1——状态系数，对NALC取2.0；
　　　ξ_2——位置系数，建筑顶点取2.0，底部取1.0，沿高度线性分布；
　　　$\alpha_{\max}$——地震影响系数最大值，按7度取 $\alpha_{\max} = 0.08$；
　　　G——NALC墙体重量。

$$G = 2.9 \times 0.6 \times 0.15 \times 6.5 = 1.69 \text{ (kN)}$$
$$F = 1.4 \times 0.9 \times 2 \times 2 \times 0.08 \times 1.69 = 0.28 \text{ (kN)}$$

2) 节点允许强度为 $R = R_J/2 = 7536\text{N} > 280\text{N}$

合格!

3) 节点连接螺栓、通长连接角钢焊缝验算同风荷载，均合格，此处从略。

(4) 节点设计

1) ADR 安装及包梁一般节点，如图 4-4-2 所示。

2) ADR 安装门窗开口处，如图 4-4-3 所示。

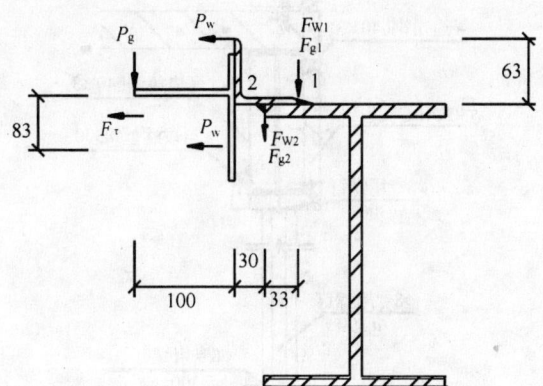

图 4-4-1 通长连接角钢焊缝示意图

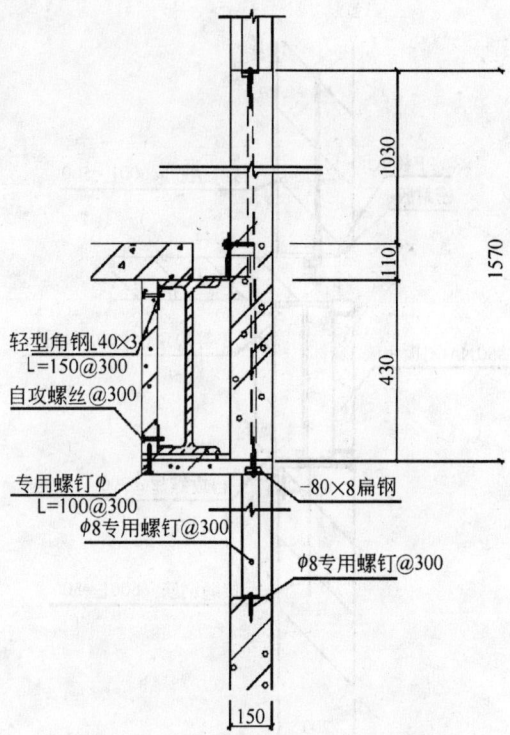

图 4-4-3 ADR 安装门窗开口处节点

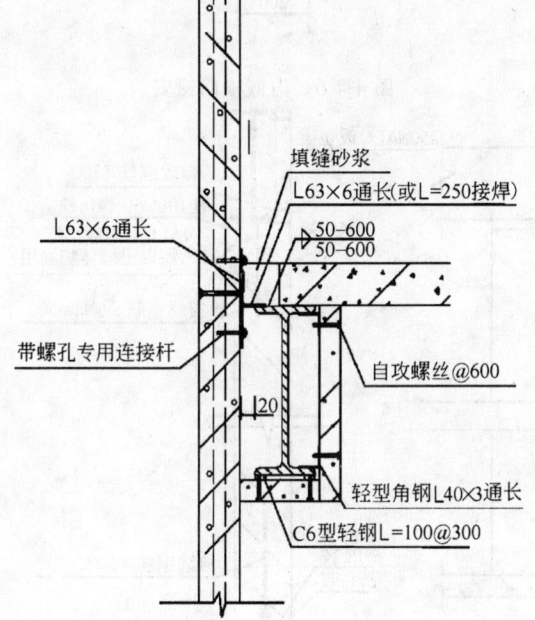

图 4-4-2 ADR 安装及包梁一般节点

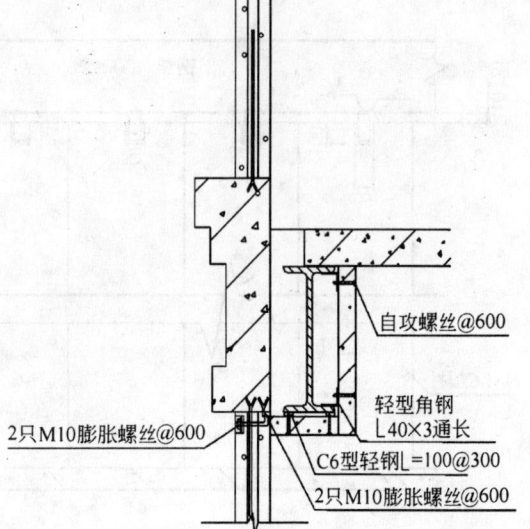

图 4-4-4 十四层外挂板节点

3) 14 层外挂板节点，如图 4-4-4 所示。

4) 内嵌板节点，如图 4-4-5 所示。

5) 内嵌板门窗安装，如图 4-4-6 所示。

6) 内嵌板 6 层以上加固，如图 4-4-7 所示。

95

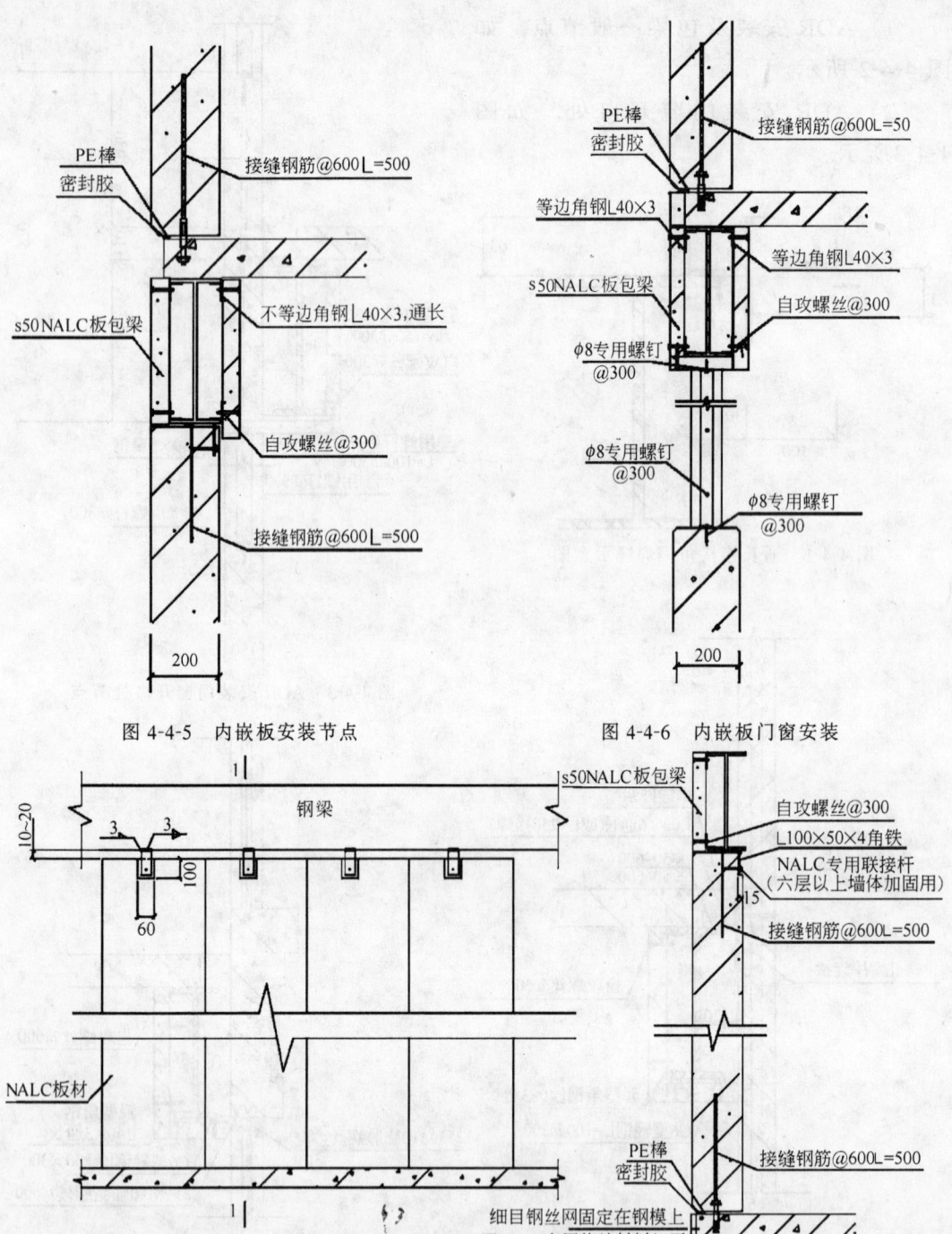

图 4-4-5 内嵌板安装节点　　图 4-4-6 内嵌板门窗安装

图 4-4-7 内嵌板加固图（六层以上）

（5）排版设计

排板图如图 4-4-8～图 4-4-10 所示。

（6）后处理设计

1）板缝处理

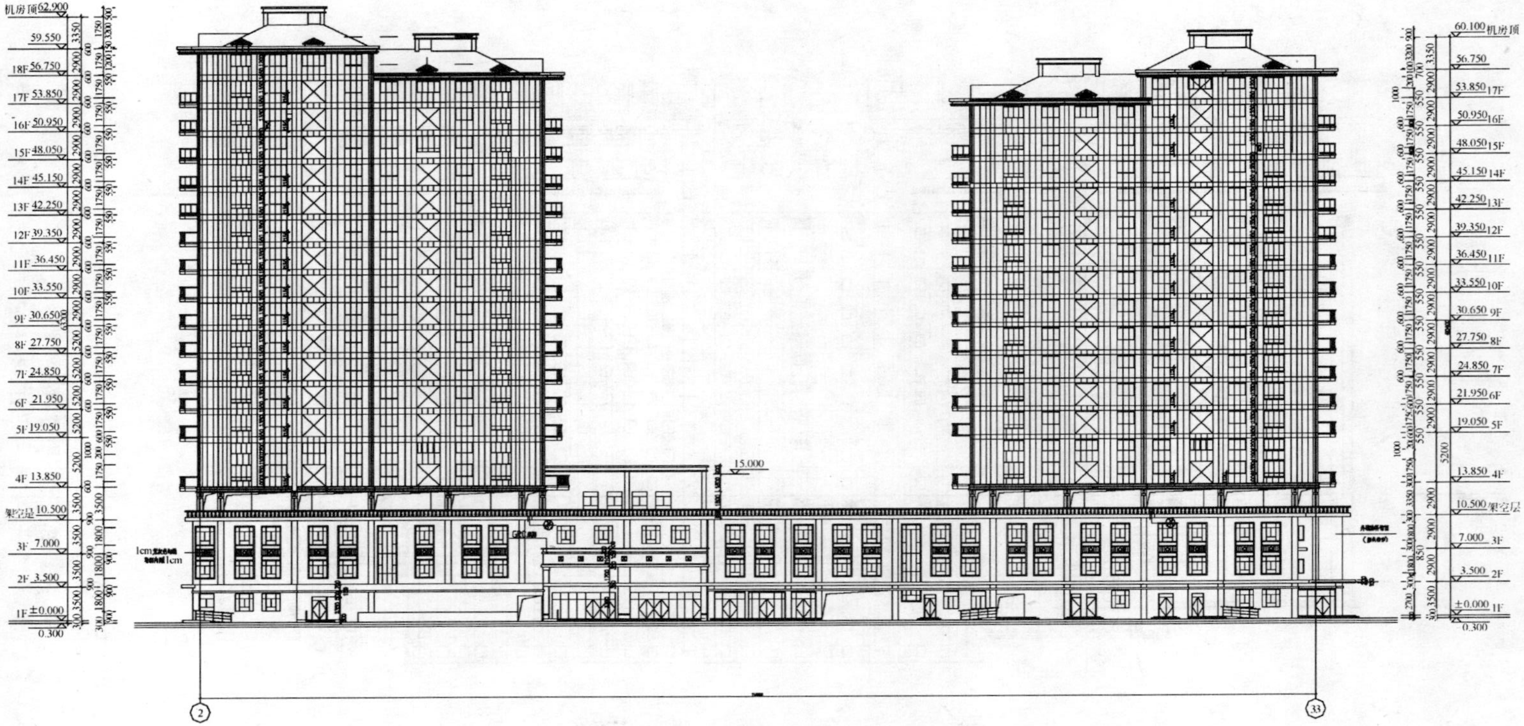

图 4-4-8　②~㉝立面排板图

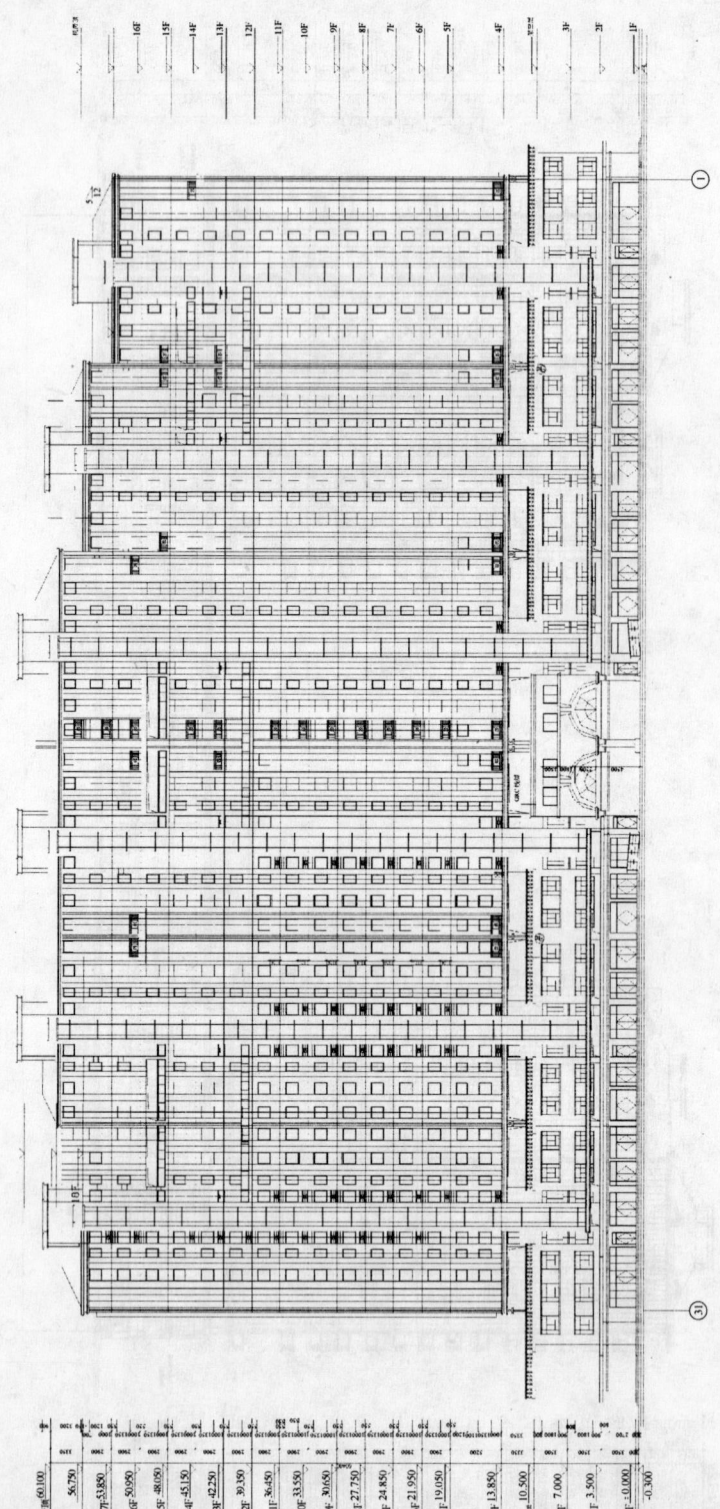

图 4-4-9 ㉛～①立面排板图

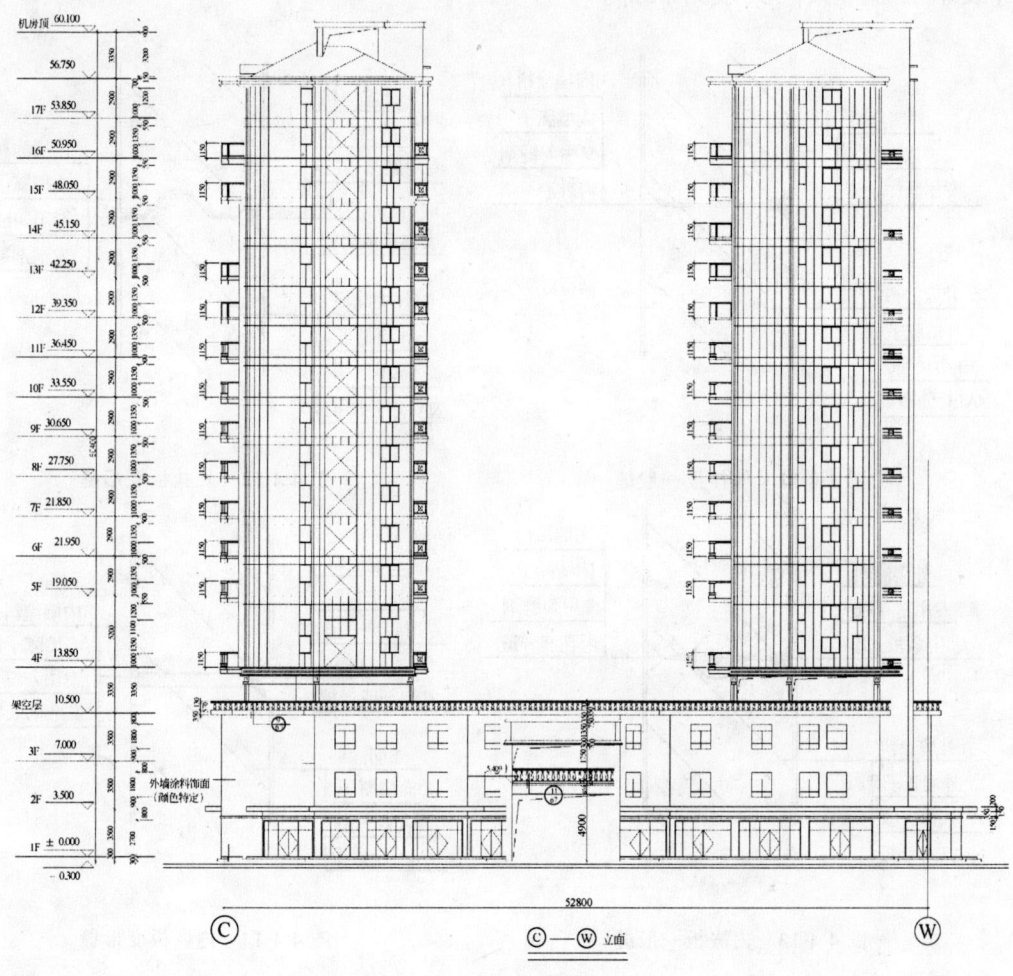

图 4-4-10 ⓒ～ⓦ立面排板图

外挂板一般缝,如图 4-4-11 所示。
外挂板变形缝,如图 4-4-12 所示。
内嵌板一般缝,如图 4-4-13 所示。
内嵌板变形缝,如图 4-4-14 所示。
转角缝,如图 4-4-15 和图 4-4-16 所示。

2）粉刷：外墙粉刷（见图 4-4-11～4-4-15 标注）
　　　　　内墙粉刷（见图 4-4-11～4-4-15 标注）

2．工程施工

(1) 施工组织和进度

1）成立项目经理部：实行项目经理负责制,设项目经理一人,配备了技术员、质量进度员、材料员、资料员、安全员各一人。NALC 板安装施工人员平均 42 人,共分 7 个作业组,每组 6 人。6 人中组长一人、**电焊工**一人、瓦工

（或木工）一人，其余为壮工。

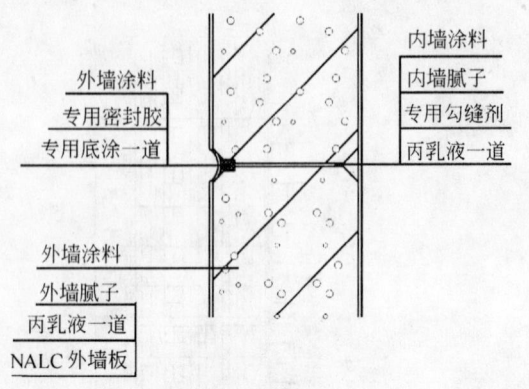

图 4-4-11 外挂板一般缝　　　　图 4-4-12 外挂板变形缝

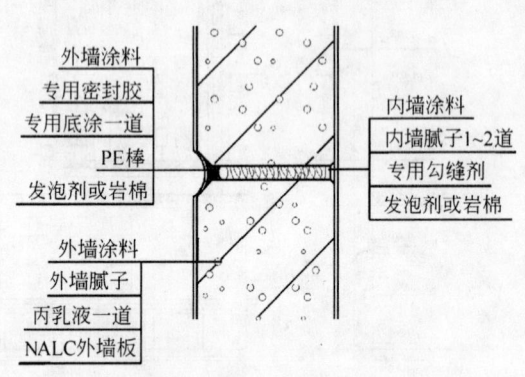

图 4-4-13 内嵌板一般缝　　　　图 4-4-14 内嵌板变形缝

2）配备必要的机械设备：全工地配台式切割机一台、台钻一台，每组配电焊机一台、电动葫芦一只、切割机一台、电钻一台、吊具一付和其他相应的安装工具。

3）进场前，部分人员进场和总包单位协调，脚手架搭设要求和时间，NALC板进场时间安排，临时堆放场地，接货平台的搭设方法及时间，转运吊装方案等基本确定。进场前总包方将脚手架按要求搭好，板材每天晚上到达，随即卸车，临时堆放在塔楼中间转运平台，再逐步用塔吊吊至各层。

4）了解尺寸误差，落实安装调整措施。根据实测发现少数结构安装误差较大，随即反馈给公司技术工程部，设计人员经研究拿出相应的处理方案，使问题得到解决。

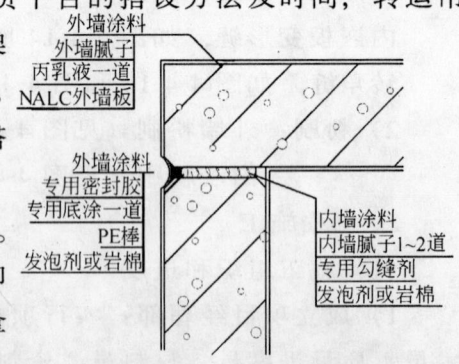

图 4-4-15 转角缝

5) 开工前先做样板房，经总包、监理、业主检查验收认可后总结经验、统一做法，再正式开工。

6) 正式开工从北楼（1~6单元）四楼开始。开始时要求工人不要图快，要严格按照安装工法认真操作，一丝不苟，确保安装质量。同时要求每个人都要掌握安装技术要点，逐步熟悉、逐步加快，即一慢二熟三快。

安装是以作业组为单位，起初北楼一个单元一个组，全楼6个组，一层楼安装了7天。然后到5层、6层……一层一层往上逐步加快。到后来一层只需3天。北楼安装到12层时，南面两幢（7、8单元和9、10单元）已具备开工条件，这时形成了三幢楼同时安装、齐头并进。直到墙板全部安装完成。

7) 用50厚NALC板包钢梁是一项技术要求高，工作量大的安装工作，当墙板先行安装到一定程度后，专门组织两个作业组包钢梁，直到最后安装完成。

(2) 质量保证措施：

1) 建立质量保证体系，保证切实运行。

2) 开工前认真熟悉图纸，搞好技术交底，确保施工人员吃透图纸。并通过做样板房做到人人都掌握操作要点。

3) 制定NALC板安装工法，要求施工人员认真学习，严格按工法操作。

4) 严格按照有关规范、规程和标准图集及设计图纸施工，发现与图纸不符的及时通知设计人员变更，没有书面变更通知施工人员不得擅自变动。

5) 切实做好"三检"，搞好自检、互检、专业检，严格隐蔽工程验收和每单元、每层工程报验程序，不合格的坚决整改，力争达到全优。

6) 认真细致做好后处理；加强成品保护、防止污染；做到文明施工。

4.4.2 马钢光明新村钢结构住宅项目

该工程为17层钢结构住宅，高54m，建筑面积9700m^2，钢框混凝土筒体系，350×350劲性配筋钢筋混凝土柱，HN300×150 H型钢梁。南北外墙为150厚NALC板，1~9层插入钢筋法、10~17层钩头螺栓安装；东西山墙为100+75NALC双层板钩头螺栓和接缝钢筋安装；分户墙75+75厚NALC双层板，分室墙75厚NALC板，走道墙150厚NALC板。共用NALC板1100m^3，NALC板安装工程施工工期60天。

1. 热工设计

按热工设计马鞍山地区满足建筑隔热保温节能标准要求查表外墙厚度应为150mm厚，东西山墙为了提高隔热效果采用100+75双层NALC墙。

分室墙选用75厚板加双面腻子涂料平均隔声量为40dB，分户墙75+75NALC双层墙平均隔声量>45dB，均能够满足较高的住宅墙体隔声标准。

2. 节点强度计算：

计算方法同前面中福城（二期）项目，均能满足合格要求（略）。

3．节点设计

（1）外墙外挂安装节点（图 4-4-16）

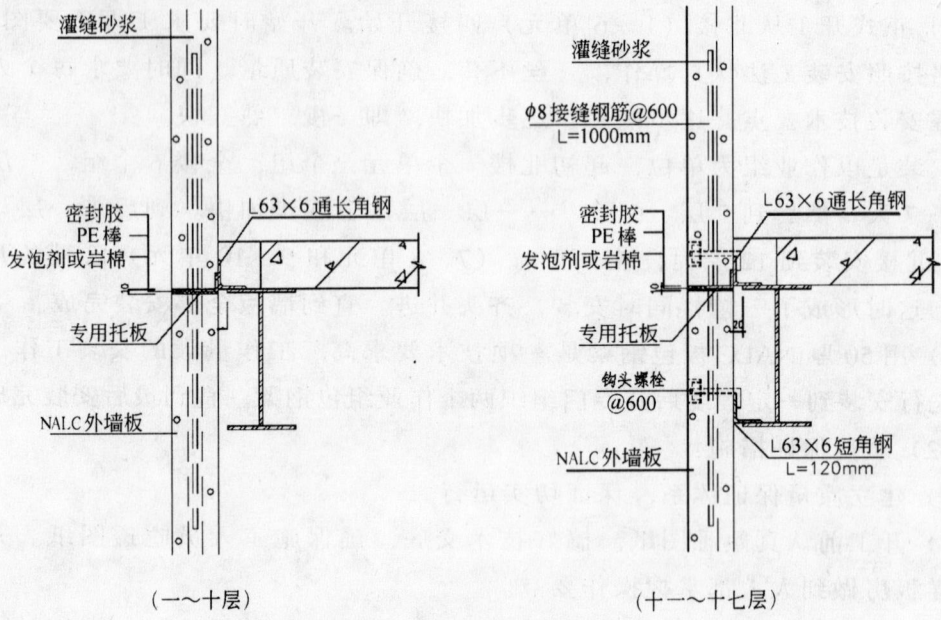

图 4-4-16　外墙外挂安装

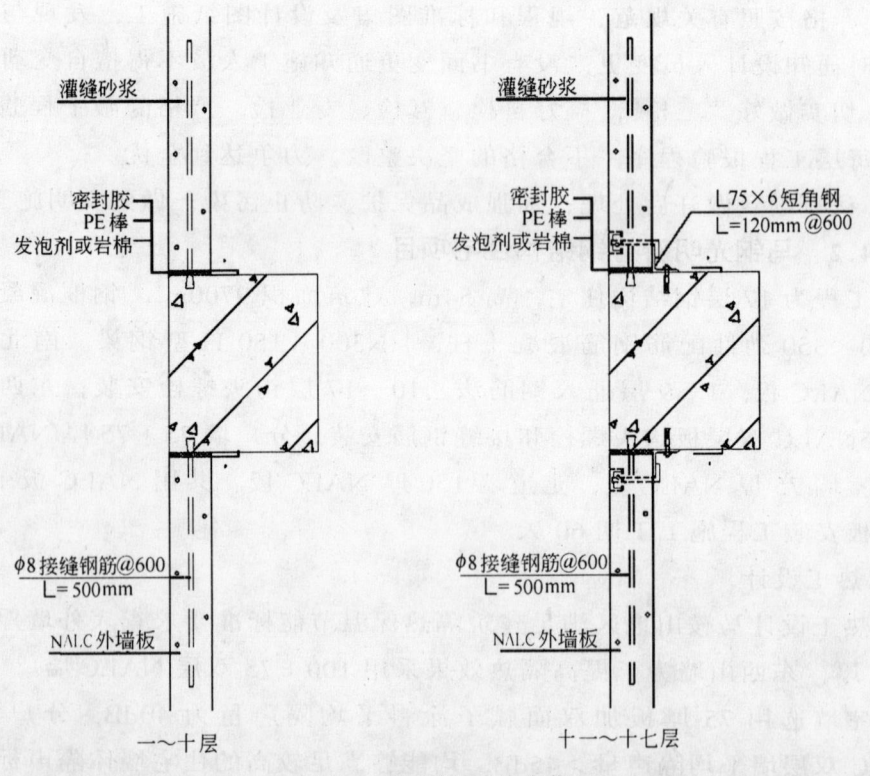

图 4-4-17　外墙内嵌安装

（2）外墙内嵌安装节点（图 4-4-17）

（3）外墙双墙安装节点（图 4-4-18）

（4）隔墙一般部位安装节点（图 4-4-19）

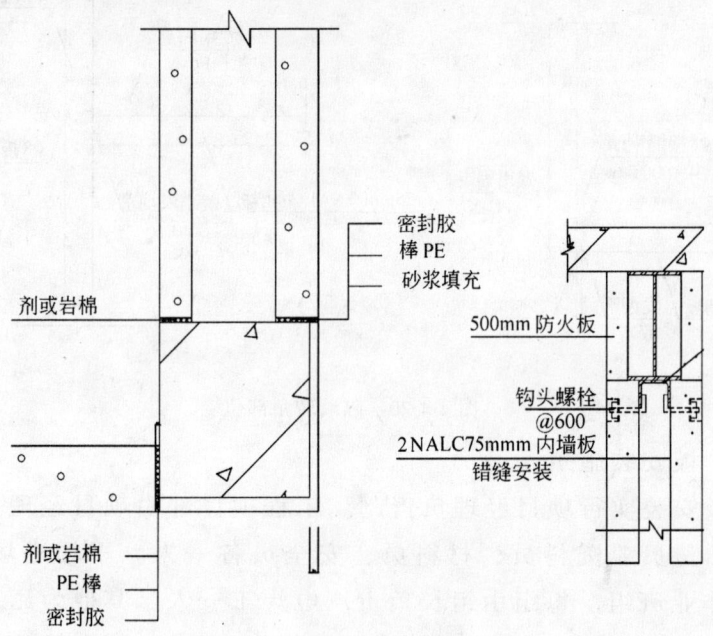

图 4-4-18 外墙双墙安装

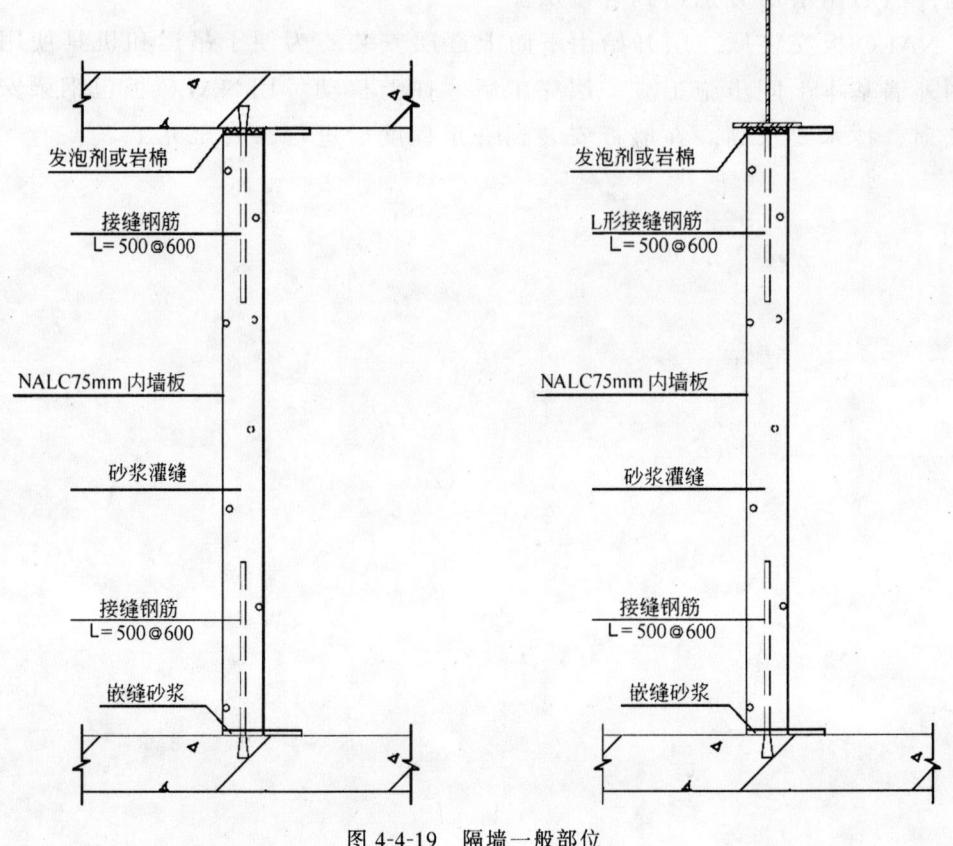

图 4-4-19 隔墙一般部位

（5）隔墙转角部位安装节点（图4-4-20）

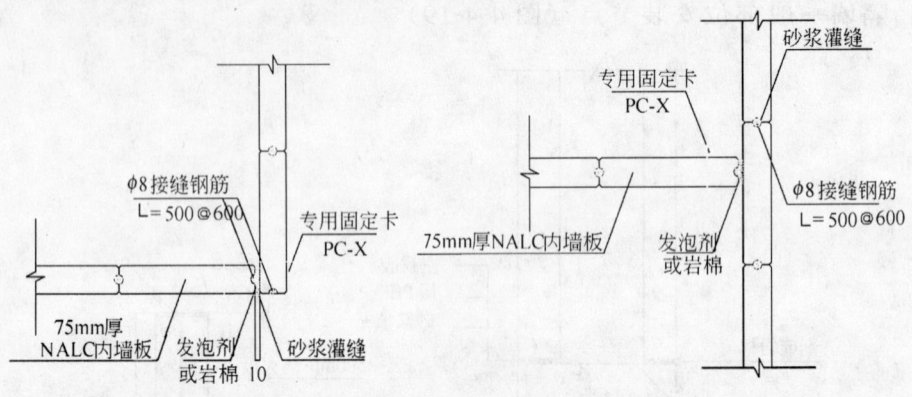

图4-4-20 隔墙转角部位

4. NALC板安装施工

NALC板安装实行项目经理负责制。工程项目部由项目经理一人负责，下设技术员、质量员兼资料员、材料员、安全员各一人。平均进场施工人员40人，分5个作业班组，每组由组长负责，电焊工一人。其他为瓦工或壮工。

工程开工前由总包方搭设好脚手架。板材进场后，卸车堆放在建筑物南面场地，然后由塔吊分别送到各楼层。

NALC板安装从二层开始由下而上逐层安装，为便于吊运和机具使用，每层内外墙基本上同步施工。一层完工后才往上移动。用NALC板包钢梁安装较为繁琐、技术要求高，在墙板安装到一定程度后进行，直至完工。

5 低层轻钢龙骨结构住宅体系

钢结构住宅在北美及欧洲国家已有100多年的历史，在我国也已经被越来越多的开发商、建筑商和业主因感受到钢结构住宅的优越性而倍加青睐。我国低层住宅的钢结构体系经历了从无到有的发展过程，出现了轻钢龙骨、冷弯薄壁型钢、小截面H型钢、方钢管等多种型材，以及框架结构、剪力墙结构、混合结构等多种形式的钢结构住宅体系。其中轻钢龙骨结构在欧美等发达国家发展了几十年，技术最为成熟，在低层钢结构住宅建筑领域中已经成为占主导地位的结构体系。北美国家的轻钢龙骨结构属冷弯薄壁型钢结构范畴，但在我国，轻钢龙骨结构体系构件的材料厚度不符合《冷弯薄壁型钢结构技术规范》(GB 50018—2002)的规定，只能另建体系，约定俗成地称为"轻钢龙骨"结构体系。本篇如无特殊说明，所称的低层钢结构住宅体系专指轻钢龙骨结构体系。

在低层住宅的轻钢龙骨结构设计中，为节省材料，可以不均衡地考虑荷载分布，只在荷载集中的地方考虑增加承载能力。此外，为方便装饰和设备安装，需在结构工程过程中设置专门的构造。因此低层轻钢龙骨结构住宅体系特别强调对未来装饰工程和设备安装工程的适应性，即这种结构体系具有"建筑工程（含结构）、装饰工程和设备工程三者的不可分"的特性，这就是"低层轻钢龙骨结构住宅体系"，简称"轻钢龙骨体系"。

5.1 低层轻钢龙骨结构住宅体系概述

轻钢龙骨结构具有四个突出的技术特征，一是构造特征，它是以C形与U形这两种简单截面形式的冷弯型钢龙骨为基本结构构件，经装配工艺构成各种复杂形式的梁柱或大型组合构件，再经组装工艺成为完整的住宅结构框架；二是材料特征，它是采用壁厚为 $0.8\sim1.8mm$ 的冷轧热镀锌（或镀铝锌等金属）钢板为构件材料，不同于传统概念的冷弯型钢结构采用的厚度为 $2.0\sim7.0mm$ 裸钢板；三是构件强度特征，镀锌钢板经冷弯加工成型，加工过程使材料产生形变强化，进而提高了构件的屈曲强度；四是连接特征，它不采用焊接或螺栓连接的方式，而是采用自攻自钻螺钉，这种连接工艺的效果是使螺钉与被连接构件之间没有间隙，保证了结构的稳定性。

世界各地的低层轻钢龙骨结构住宅基本都是从美国引进技术后发展起来的。

低层住宅所使用的轻钢龙骨结构是从木结构演变而来的，在美国、加拿大等国家，技术已经十分成熟、使用也已经十分普遍。采用轻钢龙骨结构的低层住宅建筑比采用其他类型钢结构的住宅更能充分地体现钢铁材料强度高、重量轻、易加工、易组合、变化多和富于表达设计师创造思维及艺术表现力等工艺特点。具体地说，低层轻钢龙骨结构体系建筑有以下的优良特性：

1. 重量轻

轻钢龙骨结构构件通常采用壁厚为0.8~1.2mm（最大为2.4mm）热浸镀锌钢板制造。它的截面面积在所有钢结构建筑类型中最小，在满足相同承载能力的前提下，它的重量也最轻。配合轻质功能建筑材料，轻钢龙骨建筑的整体重量约为混凝土结构建筑的1/3。由于重量轻，建筑物的基础就十分简单，一般采用荷载8吨的条形基础就能满足需要，工程造价也相应降低。

2. 抗震好

低层轻钢龙骨结构还有一个显著的特点，冷弯型钢构件与外墙板组成"板肋"构造，抗水平荷载和垂直荷载的能力都大大提高，抗风性能与抗震性能优于其他结构。

3. 寿命长

低层轻钢龙骨结构构件采用热浸镀锌钢板，抗腐蚀性能极佳，而且钢结构构件全部封闭在不透水气的复合墙体内部，不会腐蚀、不会霉变、不怕虫蛀，建筑物的使用寿命可达70年以上。

4. 使用面积大

低层轻钢龙骨结构建筑的围护墙厚度为15~20cm，内隔墙厚度为12cm，建筑使用面积可比混凝土结构建筑增加15%。北京西山某采用低层轻钢龙骨结构的别墅户型，建筑面积237m^2，使用面积为220m^2，比率为92%，在所有结构类型中是最高的。

5. 开间灵活

低层轻钢龙骨结构别墅建筑通常采用带支撑的框架结构形式，最大跨度可以做到8m，这样大的跨度可以由业主随心所欲地对建筑平面进行分割和布局，形成大开间、高净空的理想空间形式。

6. 建筑周期短

低层轻钢龙骨结构建筑的主要构件可以在工厂生产或预制，一栋300m^2的别墅建筑周期为2~3个月。

7. 舒适度高

舒适度的概念源于欧美发达国家，它是别墅住宅的主人通过感觉、视觉、听觉、嗅觉等客观感受产生的对居所舒适程度的主观评价，因人而易。这一概念最近几年才被我国住宅建筑业理解并接受。欧美人重视别墅的舒适度远过于重视别墅的豪华度，这是观念上的一大进步。要做到"舒适"，大前提是全部建筑材料必须是环保的"绿色建材"。此外，轻钢龙骨住宅的大开间、高净空格局给人大视野的感受，没有身居室内的压抑感；低层轻钢龙骨结构易于构造复合围护墙体，在15～20cm的围护墙厚度内可以做成具有高热阻值的绝热结构，使室内气温冬暖夏凉，平衡在接近人体体温的20～26℃；常常设计有自然通风设置，空气清新，心旷神怡。钢结构别墅本身的结构特点决定了它最适于建筑舒适度高的住宅。

8. 绿色环保的建设概念

低层轻钢龙骨结构住宅是产业化生产的产品，因此传统上"建造"的概念，在钢结构别墅的工程上实际只是"装配"的过程；传统建筑工地都是先盖房子再修路绿化营造景观，钢结构别墅工地通常是先把环境恢复到最原始的自然风貌，绿地花香小河流水，然后再为自然环境恰到好处地融合进建筑；传统的建筑工地往往是尘土飞扬、垃圾遍地，低层轻钢龙骨结构住宅的工地没有建筑垃圾，不破坏绿地。这种建筑过程是绿色环保的建筑概念，是人类与自然完美的亲和，是绿色与生命和谐的统一，是真正意义的返朴归真。

5.2 轻钢龙骨住宅的建筑设计

"别墅"的完整概念，应该是建筑与环境的相融与和谐；而"别墅住宅"的概念应该是建筑、装饰与设备三者的完美统一。

5.2.1 低层轻钢龙骨结构别墅建筑的设计原则

1. 大开间原则

充分利用低层轻钢龙骨结构自重轻的特点，尽量采用大开间的设计、高净空的设计、通透视觉的设计。对于别墅建筑，要尽量减少隔墙设计，尤其是一层尽量不用隔断墙。

2. 按功能划分区间的平面分割原则

别墅通常被设计成独立式住宅，它的平面布局的特点是以住宅功能划分区间，区间分布紧凑而又通畅。一般按使用功能分割为会客、生活、车库设备、通道、卧室五大基本功能区间。

3. 高舒适度原则

通过合理的平面分割设计，采用节能、通风、保温、智能化等新技术、新材料、新设备来提高住宅的舒适度。

4．以人为本的原则

区域划分与装饰工程都要体现主人的个性，根据主人的生活起居特点及需要设计使用功能，家具、设备设施尽量按照人体功能设计。

5．标准化、产业化的原则

标准化与产业化是住宅企业追求的目标。产业化有利于降低制造成本，有利于保证产品质量。

5.2.2 建筑指标

（1）抗震设防烈度8度；

（2）建筑物防火等级4级；

（3）复合外墙体系的耐火极限≥1.0h；

（4）复合外墙体系的热阻≥2.8$m^2 \cdot K/W$（北京）；

（5）围护结构（含门窗）的隔声≥45dB；

（6）楼板撞击声隔声标准的计权标准化撞击声压级为一级（《民用建筑隔声设计规范》GBJ 118—88）。

5.2.3 平面设计

低层轻钢龙骨结构别墅住宅一般以二层为主。一层与二层有不同的功能划分，一层包括会客、生活、车库设备、通道等共用区域，二楼为卧室等私密区域。

低层轻钢龙骨结构别墅住宅是以美式别墅住宅为蓝本设计的。美式别墅住宅集当今世界住宅建筑精华之大成，又融合了美国人自由、活泼、善于创新等一些人文元素，使得美国的别墅住宅成为国际上最先进、最人性化、最富创意的住宅，它在平面设计方面也充分体现了这些特色。一层的会客厅与生活区间的家庭起居室、厨房、餐厅一般都是敞开式的，没有隔断墙分割。会客厅往往安排在入户门的左右一侧，家庭起居室安排在距入户门的最深处，利用通道、洗手间或楼梯将它们分开，既不封闭又保证了私密性。大餐厅是正餐使用的，会客时也是与客人共用的。为了方便，早餐一般在与厨房组合在一起的专门设计的早餐厅用餐。一层入户门入口设有玄关，客人更衣橱位于玄关的一侧。一般楼梯起步不直对入户门，即使安排不开也起码要错开一个距离，不直接正对。此外在一层通常还设计有办公室、书房、阳光室、洗衣间、工人房等房间。设备一般都安置在车库内。为了成全喜好自己动手制作的人，车库内往往还设计一个小的车间，各种工具甚至台钻小型车床都可以请进车间摆放。车库有门与室内相通。二楼卧室沿周边外墙布置，卧室与卧室之间都是以洗手间或衣帽间、壁橱隔开，不必考虑隔声问题，十分经济。主卧室男女主人的衣帽间多数设计成分开的两间。主卫生间大约 20m²，分设有浴缸和沐浴间，卫生间主地面是地毯，只有沐浴间才铺设地砖。别墅住宅还可以设计地下室，功能上可以实现健身房、家庭影院、车库等。图 5-2-1 是别墅 M9838 户型的平面图。

5.2.4 立面设计

别墅住宅的立面设计十分重要，设计师的艺术特质、业主的个性追求以及不同地域的建筑风格往往通过立面设计表现出来。门廊、露台、花槽、雨棚是别墅建筑经常采用的建筑方式，而多个四面坡组合的屋面系统，更是别墅建筑独有的艺术表达方式。图 5-2-2 与图 5-2-3 是 M9838 别墅户型的正立面设计图与实景照片。

5.2.5 屋面设计

欧美建筑师非常注重别墅建筑的门窗与屋面设计。别墅建筑的门窗就如建筑物的心灵与眼睛，屋面就如美女的秀发，是美中之美的部分。轻钢龙骨结构构件具有方便灵活的组合工艺性，易于构建复杂的三维几何造型。加之其力学特性好、重量轻等特点，就为设计和建造各种复杂屋面、艺术屋面创造了条件。建筑师可以随心所欲地发挥想像力，利用轻钢龙骨结构构件都可以实现这些构想。可以说只要设计师想得到，轻钢龙骨结构就一定能做得到。美式别墅建筑的屋面常常被设计成多个四面坡屋面的组合体，这也是美式别墅最具特色、最具风格的部分。图 5-2-4 就是图 5-2-2～图 5-2-3 所展示的美式别墅 M9838 户型的屋面设计。它由多个四面坡屋面组成，利用轻钢龙骨结构构件轻而易举地实现了。

5.2.6 围护墙

围护墙的作用是遮风挡雨，隔热保温，隔声降噪，防火防盗。低层轻钢龙骨结构建筑的围护墙系统除具有一般围护墙的功能以外，还包括了给建筑物的所有管线系统提供布置空间的功能。图 5-2-5 是 MST 体系全封闭围护墙构造方案之一的示意图。所谓全封闭，是指为保护结构内部轻钢龙骨和保温材料不被潮气侵害，围护墙两侧均采用隔潮防水材料封闭的保护措施。

为了尽量增加住宅的使用面积，就必须尽量减小围护墙的厚度，这与保证围护墙的功能所要求的恰恰相反。为了二者能够统一，就必须使用新型功能材料，复合出既薄又适用的墙体来。这也是低层轻钢龙骨结构建筑的一个特点。

围护墙的设计除考虑满足各项技术指标以外，依功能和成本的要求合理选材是最重要的。低层轻钢龙骨结构住宅在设计围护结构时，选用了能与结构构件很好配合的材料。表 5-2-1 列出了 MST 围护墙所使部分材料的物理特性。

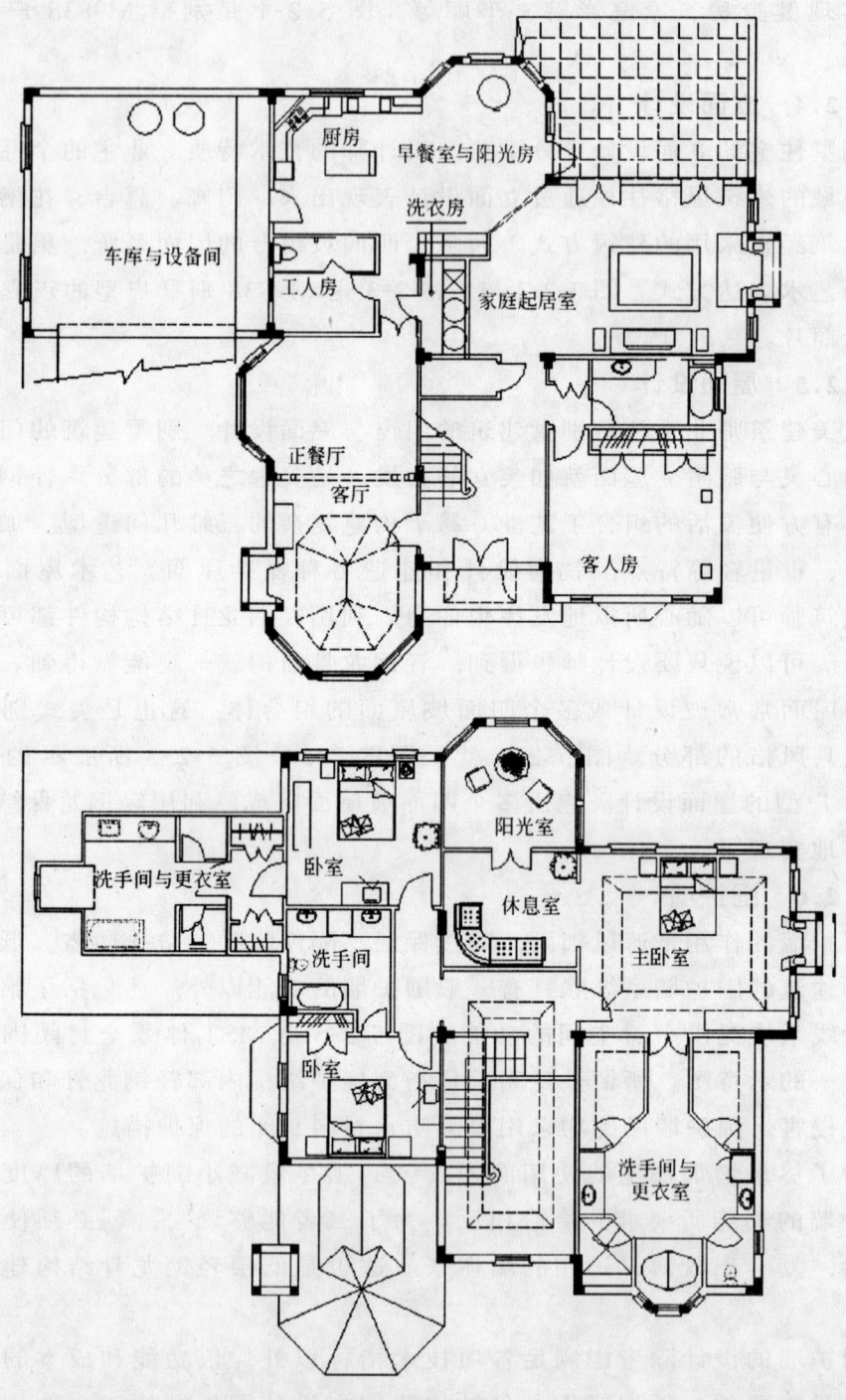

图 5-2-1 轻钢龙骨结构别墅 M9838 户型平面图（上为一层、下为二层）

图 5-2-2 M9838 户型的正立面设计图　　图 5-2-3 M9838 户型的实景照片

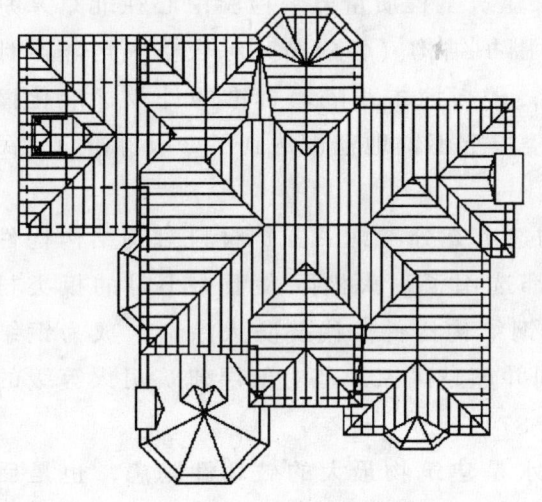

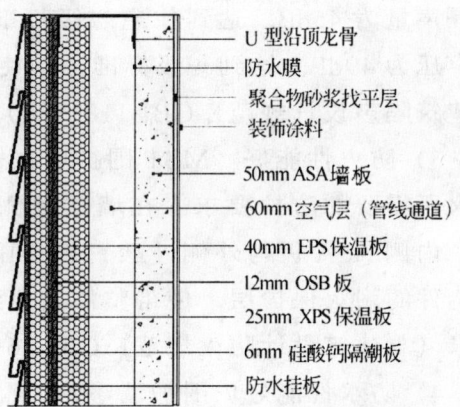

图 5-2-4 M9838 户型别墅的屋面　　图 5-2-5 围护墙构造示意图

组成复合墙体的单体材料的性能　　表 5-2-1

主要材料名称	厚度（mm）	导热系数（W/m·K）	隔声（dB）	防火极限（h）
ASA 板	50	0.070	35.00	1.00
空气层	60	0.180		
EPS 保温板	40	0.041		
OSB 板	12	0.250	25.00	
XPS 保温板	25	0.028		
硅钙板	6	0.240	30.00	1.00
木质挂板	10	0.250		

111

(1) MST体系全封闭围护墙构造有如下特性：

1) 保温性能好。住宅建筑要求围护墙要有极好的保温性能，它取决于组成复合墙体的材料的导热系数指标。由于这种复合结构选用了具有优异性能的材料和设计了合理的材料组合方式，使围护墙的综合保温（隔热）指标达到十分理想的程度。经中国建筑科学研究院国家建筑工程质量监督检验中心检测，热阻指标为 $2.94m^2 \cdot K/W$（传热系数 $K=0.324W/m^2 \cdot K$）。这一指标可以满足我国任意地区的保温或隔热的要求，比北京到 2010 年实现节能 65% 的指标所要求的围护外墙传热系数（$0.82W/m^2 \cdot K$）的极限值要低出很多。

2) 隔声性能好。隔声性能是衡量住宅是否有益于居者健康的一项指标，是现代生态住宅必须设防的一项指标，也是业主十分关注的一项指标。MST围护墙构造经中国建筑科学研究院国家建筑工程质量监督检验中心在北京某别墅住宅区 T1 户型建筑工程现场检测，围护结构（含门窗）综合空气声隔声计权隔声量为 45dB，达到住宅二级标准；楼板撞击声隔声标准的计权标准化撞击声压为 49dB，达到一级标准，即使楼板上不铺地毯也达到了一级标准（《民用建筑隔声设计规范》GBJ 118—88）。

3) 防火性能好。MST围护墙在构造上充分考虑了围护材料对钢结构构件防火所需要的防护要求，在墙体两侧都选用了耐火极限大于 1 小时的板类材料。内侧 ASA 板与外侧硅酸钙板合围钢结构构件，代替防火涂料，成为钢结构构件的耐火保护层，使得整体墙达到并超越国家规范对低层建筑耐火等级的要求（《建筑设计防火规范》GBJ 16—87）。

4) 防水性能好。围护墙渗水、漏水是建筑物最大的破坏性隐患，也是后期最难维修的质量事故。MST围护墙采用了多层防水的全封闭体系，板类材料的接缝全部用密封胶粘接。这种防水方式既是出于对渗水、漏水的防护，也是保证钢结构不被锈蚀的技术手段。

(2) MST围护墙采用的材料有下面几种：

1) 内侧 ASA 墙板（内墙板）

低层轻钢龙骨结构住宅建筑的内侧墙板是非承重构件，系统中采用 ASA 板材。它属粉煤灰水泥类板材，在系统中除起到围护墙的通常作用外，还兼有保温、隔声的功能，与钢结构容易配合，是一种十分出色的墙板材料，在低层轻钢龙骨结构体系中用作围护墙内侧板。按照中国人的习惯，墙板一定要有厚重感，ASA 作为墙板材料与钢结构配合时，完全没有"敲空"的感觉，体现出了"实心墙"的质感。ASA 的密度约 $400 \sim 600 kg/m^3$，采用厚度为 50mm 的板材时，能调节室内湿度，给居住者以舒适的感觉。

2) 防水膜（隔气膜）

在内墙板与钢骨架之间的防水膜用于阻隔室内水蒸气浸入复合墙体内部，

防止冬季在保温材料表面出现结露现象致使保温性能降低，也减少了钢结构构件的锈蚀。

3）OSB 结构板

在其他建筑体系中没有"结构板"的构造，这是低层轻钢龙骨结构体系的特例，是指对结构起到增强作用的板材构造。低层轻钢龙骨结构的外侧是 OSB 板，它与 ASA 一起构成了钢别墅建筑墙体主要的强度材料。OSB 还有很好的隔声效果。

4）EPS 保温板

发泡聚苯乙烯（EPX）具有良好的保温隔热功能，在目前使用的诸多保温材料中，EPS 是性价比最好的材料，也是工艺性能最好、使用最为方便的材料。做围护墙复合材料使用时，必须采用密度大于 $18kg/m^3$ 的阻燃级标准材料，氧指数应大于 30。该围护墙中有两层 EPS 板，其中一层厚度为 25mm，安装在 OSB 板外侧，用于阻断冷（热）桥，同时保护连接钢结构构件的自钻自攻螺钉免受湿气的侵害。为了增加保温效果，这一层也可以用挤出聚苯乙烯（XPS）代替。另一层安装在冷弯薄壁型钢骨架之内靠近 OSB 板的一侧，既可以起到保温隔热的作用，又可以利用钢骨架内部的空间减薄墙体的厚度。

5）隔潮板

紧靠外装饰层（或防水层）的是 6mm 厚的硅酸钙板，它具有多重功能。一是保护质地柔软的 EPS，防止湿气侵入；二是为外装饰材料的安置（涂料、石材等）提供了平台；三是提高结构的防火性能，硅酸钙板的防火极限大于 1 小时，在钢结构构件的外侧担负防火保护的功能。从这些意义上来说，硅酸钙板在结构中是地道的功能材料。若仅从隔潮气的角度出发，这一层隔潮板也可以用单向透气纸代替。

6）防水挂板

围护墙的外装饰材料是依设计而定的，但作为围护结构表面材料，它同时起到保护围护墙的作用，因此，外装饰材料也应为功能材料。防水挂板是经常选用的材料之一，它有多种形式的材料可供选择，其中 PVC 挂板与木挂板最能体现住宅建筑的风格。挂板是顺水设计的结构，能十分有效地防止雨水侵入。挂板的安装也非常便捷，人工成本低，工期快。挂板的防湿气透过能力差，必须设计防潮板或防潮纸保护围护墙。

7）管道通路

管道通路是一个位于钢结构骨架内、紧靠 ASA 墙板的空气层，厚度 60mm，它是别墅内所有管线的通路。

5.2.7 管线系统

别墅住宅的功能比较齐全，因而设备与电器系统的管路也就比较多，常用的包括上水管、下水管、热水管、强电线路、智能化布线、宽带网线、有线电视馈线、保安报警系统线路、空调风管、空调冷凝水管、中央吸尘器吸尘管等。低层轻钢龙骨结构为这些建筑管线系统提供了在结构内部布置与安装的空间，使得全部管线系统都不必外露，既美化了室内环境，又使管线的安装变得更容易，更简捷。

管线的安装要符合国家相应规范。值得注意的是，管线中如果有非钢铁材料的铜管、铝管等金属管，就必须将金属管与结构构件进行绝缘保护，以防止人为地形成"原电池"。金属强电穿线管也必须有极好地绝缘措施和接地保护设置。

以两幅图片简单介绍别墅住宅的管线系统。图 5-2-6 为安装完成的智能化控制管线，其中 30 余条管路绝大部分都在三跨间距为 406mm 的轻钢龙骨立柱内排列。图 5-2-7 为电器控制箱预先安装在龙骨上。

图 5-2-6 安装完成的智能化控制管线

5.2.8 低层轻钢龙骨结构住宅主体工程的建造过程

以北京某别墅工程 T1 户型基础工程完工以后不同阶段的施工照片，展现轻钢龙骨结构住宅建筑建造过程。如图 5-2-8～图 5-2-15 所示。

5.2.9 低层轻钢龙骨结构住宅建筑实例（见彩图）

图 5-2-7 电器控制箱预先安装在龙骨上

图 5-2-8 安装钢结构构件

图 5-2-9 钢结构封顶

图 5-2-10 安装 OSB 结构板

图 5-2-11 OSB 结构板封顶

图 5-2-12 室内安装水暖电通风管路系统

图 5-2-13 安装门窗，隐蔽工程竣工封墙板

图 5-2-14 室外防水及保温工程

图 5-2-15 外装饰工程

5.3 低层轻钢龙骨结构住宅体系的结构设计

轻钢龙骨结构是指厚度小于1.8mm的热轧卷材或板材在常温下经辊压、折弯等冷变形加工方法成型的钢铁构件。钢结构住宅建筑采用的轻钢龙骨构件，一般是用厚度为0.8～1.2mm热浸镀锌钢板制造。它与通常意义的冷弯薄壁型钢结构，从材料选择、构件制造工艺、设计标准、建筑结构方式及建筑设计等方面都有很大的不同。

5.3.1 制造轻钢龙骨构件的材料

制造轻钢龙骨构件的钢材材质常用两类钢号，一类是普通碳素结构钢，如Q185、Q210、Q235，其中Q235最为常用，屈服强度为235 MPa。另一种是低合金高强度结构钢，主要是Q345（16Mn），屈服强度为345 MPa。

制造轻钢龙骨构件通常采用冷轧卷板，经表面镀金属的防腐处理工艺，包括镀锌、镀锌锡合金或镀铝锌合金，以提高材料及构件的防腐蚀能力，保证建筑构造的使用年限。

1. 轻钢龙骨构件材料的力学特性

制造轻钢龙骨构件的材料主要是普通碳素结构钢Q235（A3）与低合金结构钢Q345（16Mn），这两种钢号是制造业中最常用的钢铁材料，在各种结构形式的建筑中也都会用到。在我国，这两种材料有久远的制造历史，冶炼经验成熟，材料性能稳定，价格也比较便宜，所以在各种钢结构建筑体系中被推荐使用。冷轧状态下的Q235板材均具有良好的机械性能，抗拉强度、延伸率、屈服强度和疲劳强度都适合于作为结构材料在建筑体系的任何部位使用。Q235还具有良好的加工性能，能保证冷弯变形加工的工艺要求，加工后的构件质量好，易于产业化流水生产。

2. 轻钢龙骨构件的强度

轻钢龙骨构件的强度不仅来源于材料强度，更重要的是还来源于冷弯加工工艺。与混凝土构件相比，钢铁构件的刚度小，在计算结构的承载力时，主要担心的是薄壁构件失稳，所以，材料的屈服强度指标尤为重要。金属材料在冷加工形变过程中，工件的变形会造成金属材料内部晶体结构的变化，带来的结果是使材料的屈服点大幅度的提高。因此，冷弯加工后的薄壁型钢构件的强度比同样材质的热轧型构件（如热轧H型钢）或高频焊接构件（如高频焊接H型钢）的强度要高得多，这就充分地发挥了型钢构件的承载能力，这也是轻钢龙骨构件虽然壁薄，却可以做承重构件的原因。

轻钢龙骨构件可以在材料的极限强度条件下使用。因为轻钢龙骨构件在失稳屈曲变形过程中也会使整体强度提高，所以在进行轻钢龙骨的结构设计时，可以考虑局部失稳对结构强度的贡献，使设计指标降低一些。例如在使用Q235材质的镀锌钢板制造构件时，设计强度可以比使用热轧H型钢构件时降低 $10\sim15\mathrm{N/mm^2}$。

  3．镀锌层的性能

  钢铁材料的物理化学特征及其晶体结构特征，决定了它的易腐蚀性，通常把这种腐蚀的过程称为金属的锈蚀。当钢铁材料作为结构构件时，锈蚀会使构件的截面减小，甚至破坏材料的晶体边界结构，致使构件承载能力降低，影响结构和建筑物的使用寿命。因此，轻钢龙骨结构构件的防腐处理是一个十分重要的课题。

  轻钢龙骨结构构件的材质一般是碳素钢，它的锈蚀过程有两种形式，一是化学腐蚀，主要是沿海地区盐雾气体成分与铁原子反应生成化合物，另一种是电化学腐蚀，它是建筑物中钢结构构件最常见最主要的腐蚀形式。

  采用H型钢、冷弯薄壁型钢、方钢管等材料的普通轻钢结构的构件是用未被防腐保护的裸材制造的。如果用裸材制造的钢结构构件直接暴露在大气中，它受电化学腐蚀的速度很快。钢结构构件的腐蚀速度与大气介质的关系很大，而大气介质主要是指大气湿度，它与地理位置有关。有文献报道，钢构件在日本的平均侵蚀速度为 0.16mm/年，英国为 0.14mm/年，美国为 0.122mm/年，沙漠国家平均为 0.002mm/年。

  由于低层轻钢龙骨结构构件主要是用≤1.8mm的薄壁材料制造，其中大部分构件是在 0.8～1.2mm 厚度范围之内，如果不经防腐蚀的工艺处理，结构将在很短的时间内被破坏掉。因此，对于低层轻钢龙骨结构构件必须经过有效的防腐蚀处理才可以使用。钢结构住宅使用的轻钢龙骨构件是经热浸镀锌或镀铝锌等工艺制造的。这种镀金属的工艺方法赋予钢结构构件一层均匀的金属锌保护膜，以使构件厚度尺寸在长时间内不会因腐蚀而减薄，最终达到构件最理想的使用寿命。

  镀金属方法防腐蚀的本质，是在大气腐蚀过程中牺牲被镀金属从而达到保护钢结构构件的目的，工程上称为阴极保护法（牺牲阳极）。阴极保护法是基于电化学原理，在钢结构构件受潮气（水成为电解质）侵入形成原电池时，锌的电极电位低成为阳极而首先被氧化腐蚀，铁的电极电位高成为阴极而被还原，从而保护了钢构件。阴极保护法对钢构件的防护寿命主要取决于镀层中锌（或锌铝）的牺牲速度。随着使用过程中锌（或锌铝）的不断损耗，镀层电阻随之增大，保护作用逐步下降。暴露在大气中的镀锌构件比裸材构件的防腐蚀能力大大提高，一般认为在中等湿度环境中，镀锌层每三年被腐蚀 $0.1\mu\mathrm{m}$。这个数据是理想构件状态的期望值，实际构件在生产加工过程中必然地存在镀层磨损、密度不均匀和镀锌层被拉伤的缺陷，因此它只能作为理论上的参考值。由此可知，钢结构构件的腐蚀速度主要取决于镀锌层的厚度。

钢结构构件的腐蚀速度还与工作环境关系很大，因为金属材料电化学腐蚀的发生必须同时具备两个条件，就是要有水与氧气同时存在。如果钢结构构件能避开水与氧气共存的环境，构件被腐蚀的速度就会被大幅度地延缓。在低层轻钢龙骨结构住宅中，构件全部使用在围护结构所封闭的环境中，围护结构由功能材料复合而成，设计在围护墙两侧的隔水气塑料膜能有效地隔阻外部的潮湿气体浸入到围护结构内部，从而就延缓了钢构件锈蚀，保证了钢结构与建筑物有可靠的使用年限。一般来说，恰当地选择镀锌层厚度，恰当地设计围护结构，就能保证结构的寿命大于住宅的寿命。在我国北方无酸性气体的干燥地区，选择MST封闭的围护体系，钢结构构件材料的镀锌量只要不低于$150g/m^2$（双面检），就能保证使用寿命。而在高湿度的南方沿海地区，同样围护结构情况下，镀锌量选择在$275g/m^2$较为合适。

对于表面镀层的质量，可以用180°折弯法进行检验，如果镀锌层开裂或脱落，即为镀锌不合格，不能用于加工结构构件。

镀锌钢板在冷弯加工时，如果轧辊的光洁度差，会对镀锌层产生破坏，当拉痕深度等于或大于1/2镀层厚度时（明显伤痕），构件不能再使用。

热镀锌工艺对材料机械性能的影响可以不必考虑，因为热浸镀锌工艺是在460℃（锌金属熔融状态）温度下进行的，这个温度点远低于低碳钢的临界点，金属组织与晶体结构均无大的变化，中温回火后，材料仍保持很好的强度指标，不会对材料的机械性能产生大的影响。

未凝结的水泥或石膏对锌金属有腐蚀作用，不能长时间与钢构件接触。

5.3.2 轻钢龙骨构件

轻钢龙骨构件依功能划分为柱、延顶（延地）龙骨、梁、门窗过梁、椽和檩条等，示意构造如图5-3-1所示。

图5-3-2是低层轻钢龙骨构件的两种基本构件形式，它一般都具有开口形截面，其中最常用的是C形截面和U形截面。这两种形状有利于方便地组合成不同需要的复杂截面构件，对于满足不同程度和不同形式的荷载是非常重要的。

1. 轻钢龙骨构件的特点

（1）容易标准化和系列化；

（2）容易规格化和产业化；

（3）使用寿命长；

（4）尺寸精度高；

（5）节省材料；

（6）重量轻；

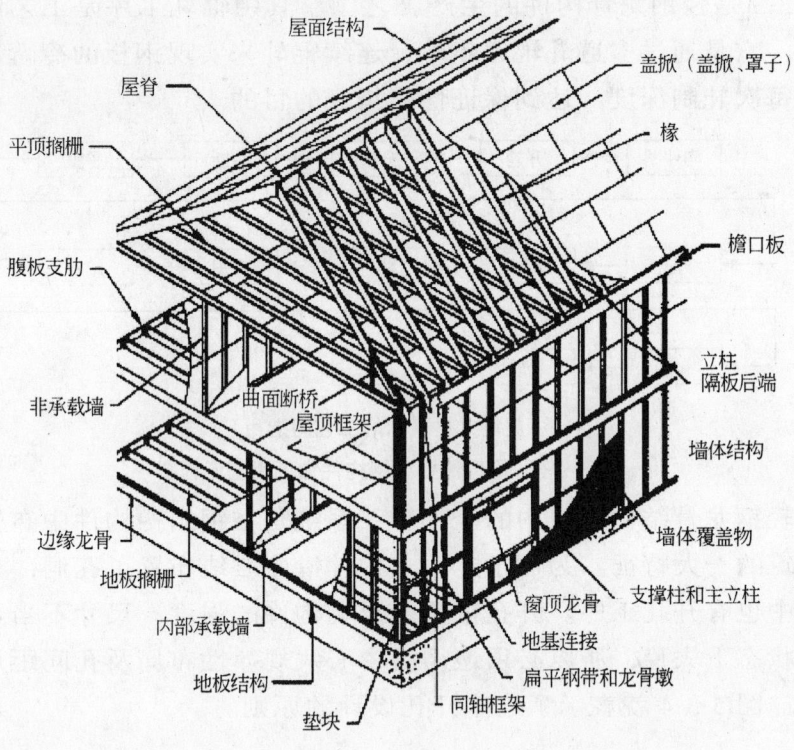

图 5-3-1 轻钢龙骨框架结构与构件名称示意图

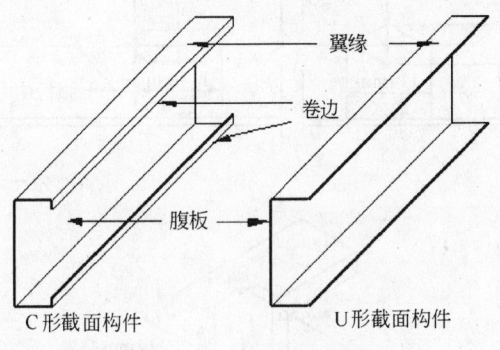

图 5-3-2 轻钢龙骨构件

(7) 容易制造成组合构件；
(8) 安装工艺简单；
(9) 具有可换性；
(10) 运输方便；
(11) 制造成本低。

2．轻钢龙骨构件的加工工艺

图 5-3-3 是轻钢龙骨构件的生产工艺图。其中辊轧工序是工艺流程中最重要的部分，它是通过多道轧辊逐步地、连续辊轧来实现钢板的冷弯成型。多道轧辊控制每次轧制深度，达到保证性能指标的目的。

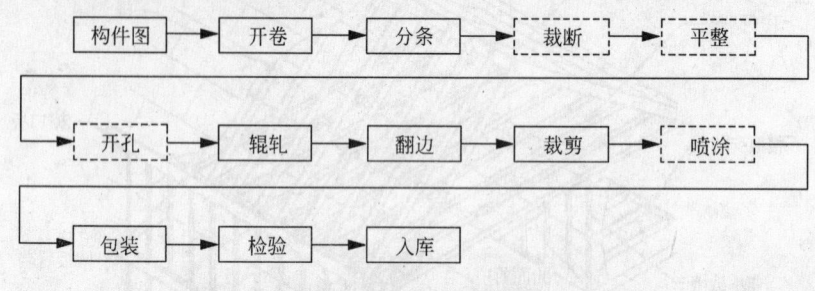

（虚线方框表示的工艺为选用）

图 5-3-3　冷弯薄壁型钢构件加工工艺流程图

低层轻钢龙骨结构建筑中的全部管线系统是在钢结构构件中布置的，这是钢结构建筑的一大特征。为便于走线，构件沿中心线布置了孔洞，在构件加工生产过程中也有开孔工序。开孔位置会影响构件的强度，尺寸不当可能造成构件在工作状态下失稳，所以必须遵循沿中心线规律性布局及孔间距尺寸规范约定的原则，图 5-3-4 就表示了这些开孔设计的原则。

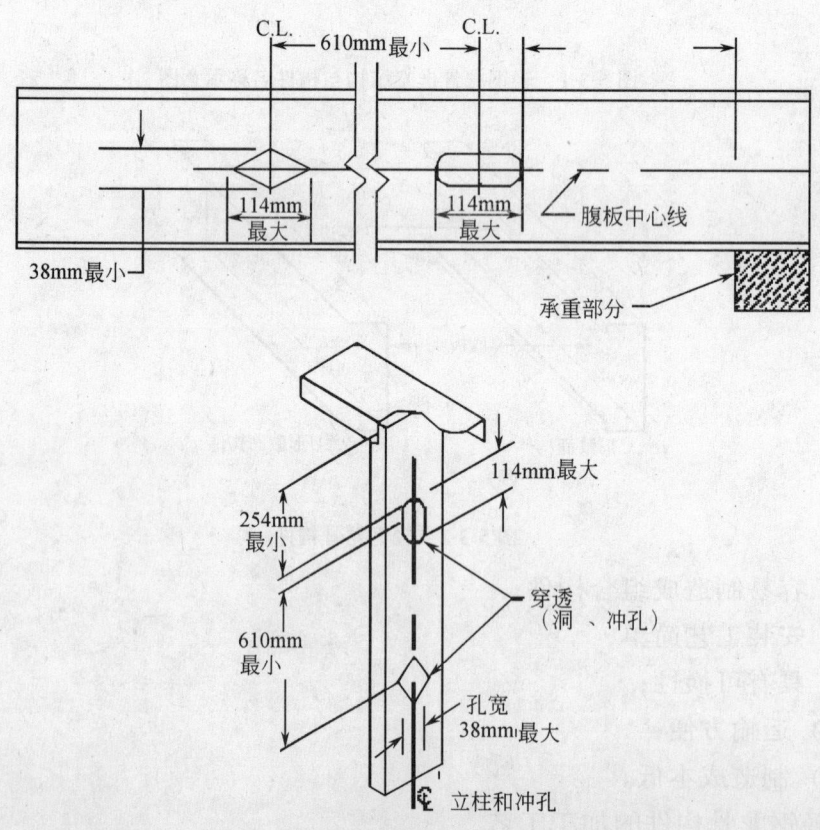

图 5-3-4　低层轻钢龙骨结构构件开孔规定

3．轻钢龙骨构件的常规尺寸

低层轻钢龙骨结构住宅是产业化产品，表 5-3-1 列出了其标准的规格，为简化生产工艺，MST 结构用轻钢龙骨构件的翼缘宽度均采用统一尺寸即 40mm，C 型构件的卷边尺寸为 4～10mm。

表 5-3-2 是美国结构用轻钢龙骨构件规格表。

常用轻钢龙骨构件规格　　　　　　表 5-3-1

通称	标注名称	H	W	t	主要用途
64 系列	64U-t	64	41	0.69～0.84	非承重柱
	64C-t	64	41		
89 系列	89U-t	89	41	0.84～1.37	承重柱
	89C-t	89	41		
140 系列	140U-t	140	41		过梁、屋架、檩条
	140C-t	140	41		
152 系列	152U-t	152	41		
	152C-t	152	41		
203 系列	203U-t	203	41	0.84～1.73	
	203C-t	203	41		
254 系列	254U-t	254	41		梁、过梁、格栅
	254C-t	254	41		
305 系列	305U-t	305	41		
	305C-t	305	41		

注：U 型构件主要用于沿顶、沿地龙骨。

美国冷弯型钢构件规格　　　　　　表 5-3-2

序号	构件名称	H 英寸	H mm	W 英寸	W mm
1	350S162-t	3.5	89	1.625	41
2	550S162-t	5.5	140	1.625	41
3	800S162-t	8	203	1.625	41
4	1000S162-t	10	254	1.625	41
5	1200S162-t	12	305	1.625	41
6	350T125-t	3.5	89	1.25	32
7	550T125-t	5.5	140	1.25	32
8	800T125-t	8	203	1.25	32
9	1000T125-t	10	254	1.25	32
10	1200T125-t	12	305	1.25	32
11	600L150-t	6	152	1.5	38
12	800L150-t	8	203	1.5	38
13	1000L150-t	10	254	1.5	38

美国体系中主要梁柱构件名称通常用三组数字代码（t 为数字项）、一个英文字母代码及一个横线组成，如图 5-3-5 所示。第一组代码为数字，代表构件腹板高度，550 表示 5.5 英寸；第二组代码为字母，S 表示 C 型构件，T 表示 U 型构件；第三代码也为数字，代表翼缘宽度，162 表示 1.625 英寸；最后的字母 t 表示材料（制造构件的钢板）厚度，以 mils 为单位（0.054 英寸＝54mils），t 的范围在 18～97mils。还有的在这些代码的最前面说明构件组合时的单个构件数量，如 2—550S162—43。

国内 MST 低层轻钢龙骨结构体系的构件名称中没有翼缘宽度项（均为 41mm），用两组数字代码（t 为数字项）、一个英文字母代码及一个横线组成，如图 5-3-6 所示。第一组代码为数字，代表构件腹板高度，140 表示 140mm；第二组代码为字母，C 表示 C 型构件，U 表示 U 型构件；最后的字母 t 实际是一组数字，表示材料（制造构件的钢板）厚度，以 mm 为单位，t 的范围在 0.46～2.46mm 之间，常用为 0.69～1.73mm。

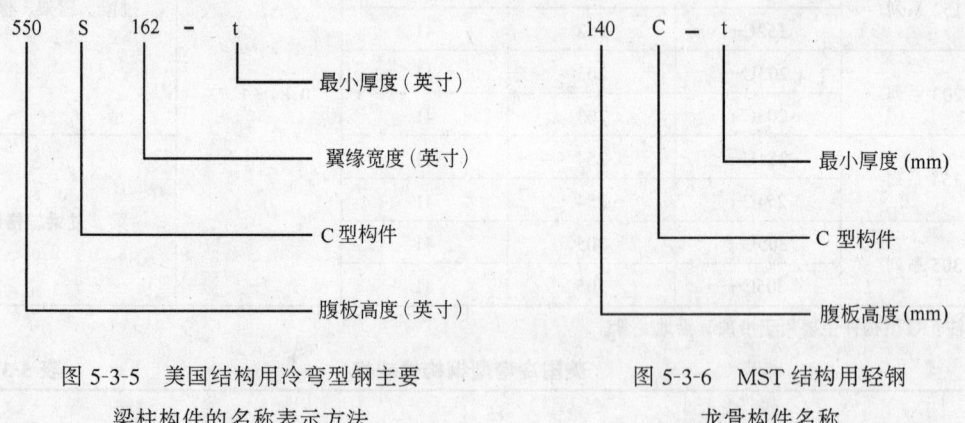

图 5-3-5 美国结构用冷弯型钢主要梁柱构件的名称表示方法

图 5-3-6 MST 结构用轻钢龙骨构件名称

5.3.3 构件的承载力

构件的承载力与构件的材质、加工方法及构件本身的几何构造特性有关。其中有关材质和构件加工工艺在"轻钢龙骨构件的强度"一节中已经讨论。构件本身的几何构造特性在低层轻钢龙骨结构设计当中更具有其特殊性。

1. 低层轻钢龙骨结构在工程设计方面的特点

（1）低层轻钢龙骨结构构件的承载力主要取决于截面形状与几何尺寸。截面形状确定以后，几何尺寸是最重要的因素，比如 C 形构件的腹板高度稍有增加，其承载力就有若干倍率的增幅。

（2）对于截面面积、截面形状相同，制造工法不同的两个构件，壁的厚度越小，断面展开的周长就越大，由于表面强化作用大，构件的刚度就越大，整体结构的稳定性也就越高。图 5-3-7 中，（a）图形是壁厚 1.2mm 的方钢管，（b）图形是厚度 0.4mm 的薄板叠卷而成的相同截面积的方钢管，（c）图形是由 C 型冷弯构件和 U 型冷弯构件组合成的方钢管。(b)、(c) 两方钢管的强度高于 (a) 方钢管的强度。

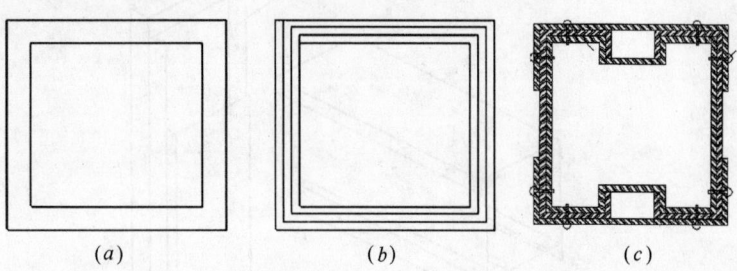

图 5-3-7 截面面积相同的三种类型方钢管强度比较

(3) C 型构件和 U 型构件能方便地组装成各种复杂形状的组合构件，进而提高构件的结构性能。图 5-3-7 (c) 是一个组合构件的截面示意图，它由六个 U 形构件与两个 C 形构件组成。

2．组合构件的好处

(1) 能提高屈曲承载力和抗弯承载力。

(2) 使结构的设计更有自由度，能灵活地组合不易加工的构件截面形状，使之更能符合结构的设计要求。

(3) 更少地使用钢材，轻钢龙骨结构建筑的用钢量约为 $35kg/m^2$，比其他结构体系更经济。

(4) 易于工厂化组装大型组合构件。

3．常用构件组合方式

图 5-3-8 列出常用的构件组合方式。

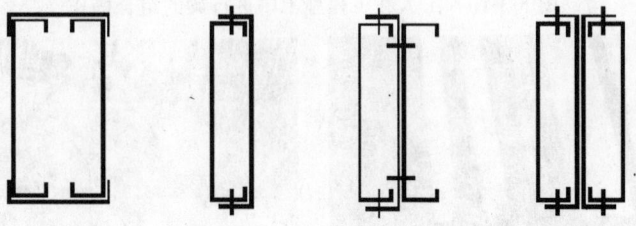

图 5-3-8 常用的构件组合方式

在相同总截面面积的前提下，轻钢龙骨构件能覆盖在更大的空间。例如使用 ≥2.5mm 厚普通薄壁型钢做承重柱时间距为 1.5m，用 1.0mm 轻钢龙骨构件做承重柱时间距能缩小至 0.4m，虽然用钢量相同，但承重柱的密度增加了，大大地提高了结构的稳定性，建筑的抗震能力也得以提高。图 5-3-9 是组合构件的举例。图 5-3-10～图 5-3-15 是实景照片，以梁为例说明其特点。

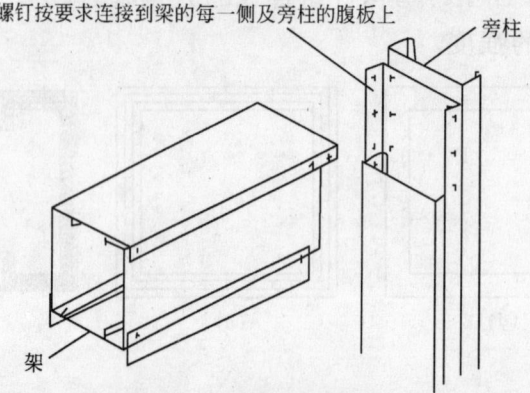

图 5-3-9　梁组合示意图

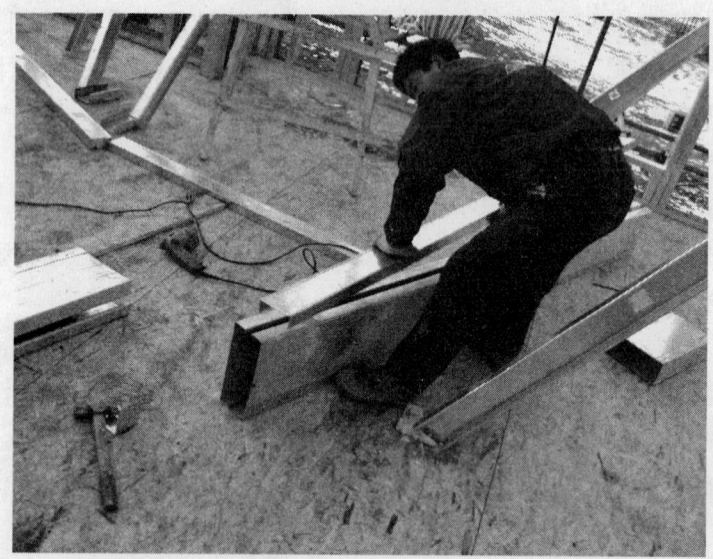

图 5-3-10　工人在工程施工中进行梁的组合操作

图 5-3-11　组合完毕的梁与待组合的构件（组合后的成品梁是六面体封口形式的，有些梁（或柱）内部腔体中还要填充保温材料或减振材料）

图 5-3-12　安装之前的 8m 长的组合梁

图 5-3-13 安装好的梁组合

图 5-3-14 另一类组合梁

图 5-3-15 组合柱

5.3.4 轻钢龙骨结构构件的连接方式

轻钢龙骨结构构件之间的连接采用自钻自攻螺钉连接的方式。自钻自攻螺钉与自攻螺钉有很大的不同，它比自攻螺钉多一个钻头，可以对较厚的钢板先钻孔再攻丝。自钻自攻螺丝由钻头、螺纹、螺帽三部分组成，它的前端部分是钻头，与其相接的部分是螺钉的螺纹，随后是螺帽。钻头和螺纹部分如图 5-3-16 所示。螺帽样式如图 5-3-17 所示。图 5-3-18 和图 5-3-19 为几种不同规格的自钻自攻螺钉示意图及实物照片。

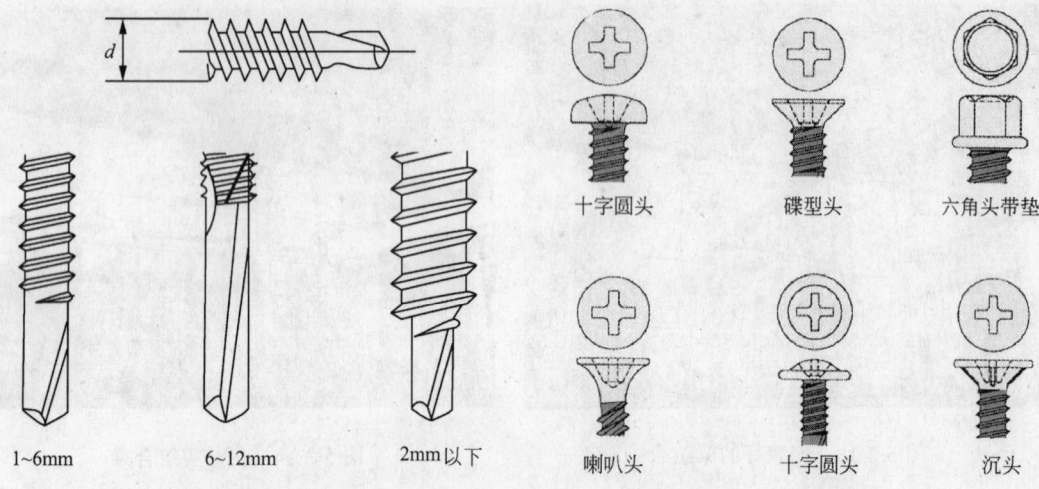

图 5-3-16 自钻自攻螺钉钻攻部分示意图

图 5-3-17 不同的螺帽样式

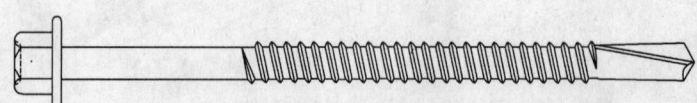

图 5-3-18 几种不同规格的自钻自攻螺钉

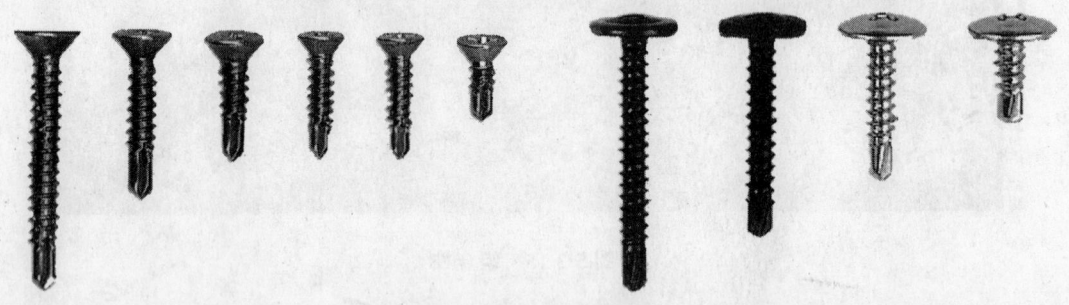

图 5-3-19 几种不同规格的自钻自攻螺钉实物照片

使用自钻自攻螺钉连接构件不必预先钻孔，这不仅是为了提高工作效率，更主要的是为了钢结构连接的可靠性和高强度。

表 5-3-3 是我国与美国生产的自钻自攻螺钉对照表。螺纹直径从 3.5～6.3mm（6 号到 14 号），其中 6 号、8 号、10 号螺钉使用最为普遍。长度根据具体需要，从 12mm（1/2 英寸）到 76mm（3 英寸）。选择自钻自攻螺钉时，

螺钉的长度应比连接材料的总厚度要长，且应超出连接材料的三个螺纹。用于构件之间的连接时，为了让螺钉与构件有效地配合并拧紧，钻头段的长度与被钻金属构件材料的总厚度要等长或稍大，这是选择自钻自攻螺钉最重要的参数。正确拧紧方式和每一适用的螺钉长度应按照螺钉生产厂商的说明和商品目录进行选择。

螺钉尺寸对照表　　　　　　　　　　　　　　表 5-3-3

美国标准	中国标准	螺纹直径（mm）	螺帽直径（mm）	长度（mm）
6号	3.5	3.50	6	
8号	4.2	4.20	8	10～60
10号	4.8	4.80	10	
12号	5.5	5.50	12	20～65
14号	6.3	6.30	14	70～200

对于所有材料的连接，包括构件与构件的连接和构件与结构覆盖物之间的连接，螺钉应最少穿出连接总厚度三个螺纹，如图 5-3-20 和图 5-3-21 所示。螺钉应穿透连接的各独立部件，不能有造成部件之间在以后过程中分离的可能性。

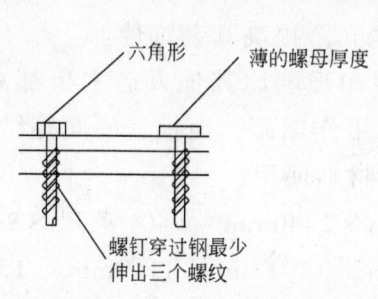
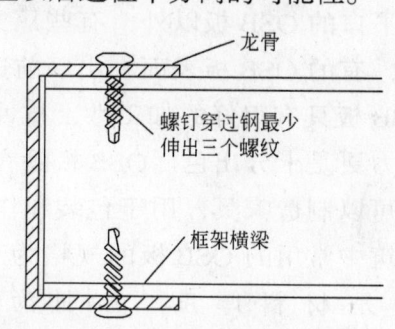

图 5-3-20　构件与构件之间的连接

结构覆盖物指覆盖在已经组合成的钢框架外的各种板类材料，如围护墙板、内隔墙板、地板等。最小使用 8 号自攻螺钉。把结构覆盖物与钢梁、墙框架连接起来的螺钉，必须使用埋头螺钉，螺帽的最小直径为 7mm，安装位置距钢构件边缘的距离不小于 9mm。

围护墙使用的 OSB 板厚度 12mm，与石膏板的厚度相同。它们与钢框架连接时最小可以用到 6 号螺钉，安装工艺方法应按照内墙和天花板的适用建筑规范要求进行。除连接 OSB 板与石膏

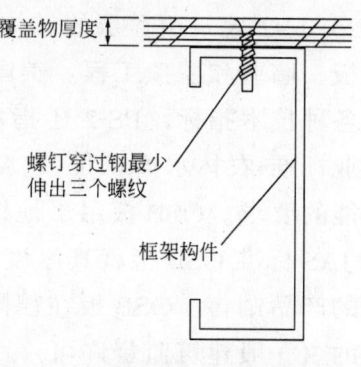

图 5-3-21　结构覆盖物与构件之间的连接

墙板时可以用 6 号螺钉以外，钢结构构件与其他板类材料连接时常用 8 号或更大尺寸的螺钉。

5.3.5 OSB 板及其在轻钢龙骨结构中的增强作用

OSB 板是一种在低层轻钢龙骨结构建筑工程中用来提高钢结构稳定性的木质板类产品，在这种钢结构建筑中已经成为不可缺少、不可被替代的结构材料，它以"蒙皮"的方式包敷在轻钢龙骨结构外侧，形成一种被称之为"板肋"组合的结构方式。

OSB 是 Oriented Strand Board 的缩写，中文名称为定向刨花板。它是由矩型木板薄片一层层沿水平方向粘接压制而成。

我国目前使用的 OSB 板主要是从北美国家或欧洲进口。北美生产 OSB 板已有近 30 年的历史，欧洲近十几年发展迅速，德国在本土与法国都建有工厂。OSB 板的材料取之于多种树木，种类有花旗松、铁杉、云杉、白松、冷杉、白杨木、黄松、桦木等。材料选择主要考虑性能和产品的用途。

北美生产的 OSB 板使用防水的胶粘剂胶合在一起。绝大多数 OSB 板的边缘都用密封胶剂加工，以防潮湿渗透进去。OSB 板使用高级环保胶粘剂，所以游离甲醛的释放量相当低，是一种环保型材料。

除平口的 OSB 板以外，有些厂家生产的 OSB 板还带有企口，方便板与板的拼接，有的 OSB 板表面在出厂前进行了抛光，提高其装饰性。

OSB 板具有很好的加工性，抗冲击能力和强度比其他人造木板都高得多，握钉能力更是十分出色。OSB 板除在建筑中用作墙面、地板、屋面等结构材料外，还可以制造家具，用于包装和作为装饰材料使用。

建筑中常用的 OSB 板的规格为 $1220mm \times 2440mm \times t$（4 英尺 × 8 英尺 × t），t 是材料厚度，分别为 7.9mm、11.1mm、11.9mm、15.1mm、18.25mm，最大的厚度可达 80mm，可以用作木结构建筑的梁。

各个 OSB 板生产国家都有相应的技术标准，如加拿大的 CAN/CSA-0325.0-92 建筑覆盖层的结构标准，它是制造标准，同时又认定 OSB 板可用于地板、墙壁和屋顶工程。美国的全国标准学会（ANSI）A208.1 中规定了 OSB 板各种技术指标，PS-2 还指定了其用途。亚洲的日本对 OSB 板的鉴定标准为农业标准-农林水产认证（JAS）和日本工业标准（JIS）有关力学强度和物理性能的要求。OSB 板用于地板、墙壁和屋顶施工已得到日本建设部的认可。按照 JAS 标准 OSB 板就其厚度和力学强度性能而言在日本市场上已经有四种等级的产品销售。OSB 板在德国获得了德国建筑技术研究所（德国法定机构）颁发的《一般建筑监督许可》，完全符合德国 DIN 4108 和 DIN 4102 标准。有文献报导，欧洲共同体对 OSB 板的产品标准是 prEN300，它规定了结构应用所需的力学强度及物理分布参数，这条标准满足了建筑产品指标和欧洲标准第 5

项对于木材结构的要求。按照 EN300 正规标准制作的面板均刻上 CE 的产品认可商标。遵守 prEN300 而制造出的 OSB 板可根据其力学强度和物理性能分为四个等级。等级 1 适用于内部或干燥地方，等级 2 用于地板，等级 3 用于应受保护的环境如墙壁和屋顶。等级 4 现在还没有上市，它将被用于湿度高和负载重的环境中。

OSB 板在欧美国家称为"结构板"，它与钢结构直接连接，提高抗水平荷载的能力，图 5-3-22 是 OSB 板与胶合板同作结构材料时的稳定性效果比较。依图可知在 10～21mm 厚度范围内，OSB 板的强度是胶合板的 1.5～2 倍。

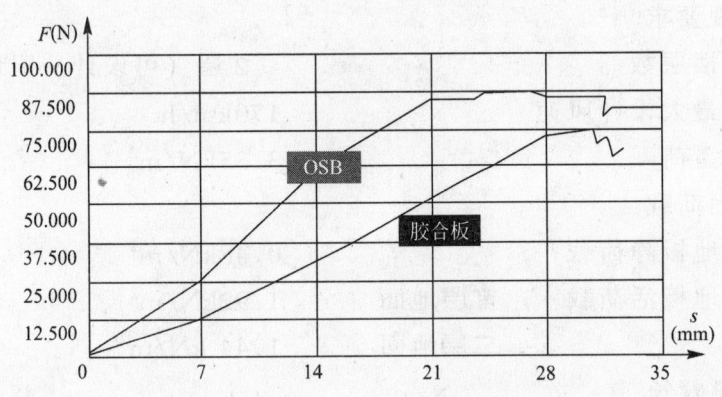

图 5-3-22　OSB 板与胶合板结构稳定性的比较

目前国际上流行的低层冷弯薄壁型钢结构建筑基本是采用带支撑的框架结构体系。在这种体系中，除了钢结构本身的力学特性之外，它与复合围护墙板的结合也在结构上具有十分突出的特点。这种结构的建筑在钢结构建造完成以后，一般都用 OSB 板在结构外侧将整个结构进行包覆，OSB 板也被认为是复合外墙板的一部分，利用这种典型的蒙皮作用来提高结构的整体刚度和承载力。钢结构构件与 OSB 结构板连接在一起组成完整的钢结构体系。所以，这种结构也被称之为"板肋结构"。OSB 板既强又柔，既刚又韧，攻钻时螺钉易于拧进，紧固后裹握力大而难于退出。OSB 板主要用于屋顶、承重的剪力墙和楼面覆盖层等结构，因为它具有支撑荷载的能力以及抵抗水平失稳的能力。蒙皮效应的结构强度学说在欧洲有很多的研究，在我国尚未见专门著作，但在 2002 年钢结构协会年会中讨论新《冷弯薄壁型钢标准与规范》时，已将这种效应对强度的贡献考虑到结构强度计算中去。

5.3.6　轻钢龙骨支撑框架结构

1. 低层轻钢龙骨结构的适应范围

在轻钢龙骨结构体系中，不同的建筑商也都有各自的体系类别，欧美国家流行的基本都是带支撑的框架结构体系，它适合于 1～2 层的低层建筑。该结构体系特别适应于地震高发区，但在具有强烈腐蚀性环境地区，要对构件材料的防腐性能进行特殊设计。世界各国应用低层轻钢龙骨结构技术较多的是独立住宅、别墅、连排别墅、商场、会馆、旅游酒店、加油站、学校、医院等建筑。

根据北美钢结构协会（North American Steel Framing Alliance）提供的《冷弯型钢住宅技术手册》（"Prescriptive Method For Residential Cold-Formed Steel Framing", Year 2000 Edition），住宅设计低层轻钢龙骨结构建筑应考虑下列适应性值：

(1) 常规要求

  1) 楼层数   ≤2层（可设计一层地下室）

  2) 最大设计风速   170km/h

  3) 雪荷载   3.35kN/m²

(2) 地面荷载

  1) 地板静荷载   0.48kN/m²

  2) 地板活荷载 首层地面 1.92kN/m²

          二层地面 1.44 kN/m²

(3) 悬挑臂长

  最大   610mm

(4) 承重墙荷载

  1) 恒载   最大 0.48kN/m²

  2) 承重墙高度   最大 3000mm

(5) 屋顶荷载

  1) 屋面恒载   最大总荷载 0.72kN/m²

               屋顶最大荷载 0.34kN/m²

               四级地震区屋顶荷载 0.43 kN/m²

  2) 屋顶活荷载   最大雪荷载 3.35kN/m²

  3) 顶棚静载   最大总 0.24kN/m²

  4) 屋顶坡度范围   3:12～12:12

  5) 斜悬挑长度   最大 305mm

  6) 檐口板长度   最大 610mm

  7) 阁楼活荷载   作储藏室使用时 0.96kN/m²

               不作储藏室使用 0.48kN/m²

此外，在建筑物尺寸等其他方面也有相应的要求，应按照手册或依据结构计算书进行设计后确定。

2. 节点设计

低层轻钢龙骨结构建筑的构件与建筑节点都是构件生产厂商或建筑商设计的。构件是标准化和规格化的，它在结构中的安装位置和节点处理方式要按厂商或建筑商的图纸实施。厂商或建筑商都有自己独特的设计与技术，某一个节点是整体设计中的一个局部，不能独立出来代替其他设计中的某一节点。

(1) 构件与基础的连接

基础工程进行过程中，各种预埋件要按图纸设计准确地定位和安装。除水电管路之外，主要是结构与基础相连接的预埋件，主要有直条式抗风连接带、地脚螺栓、加固扁铁等。还有一种有较强支撑能力的辛普森加固连接件也可以采取预埋的方式。基础工程完成以后，在基础与钢结构的沿地龙骨之间首先要做好隔潮垫层，比如使用 2mm 的珍珠棉，然后铺设 18mm 的 OSB 板或其他木质衬垫，以缓冲钢构件与混凝土的硬接触。图 5-3-23～图 5-3-30 表示了这些工法。

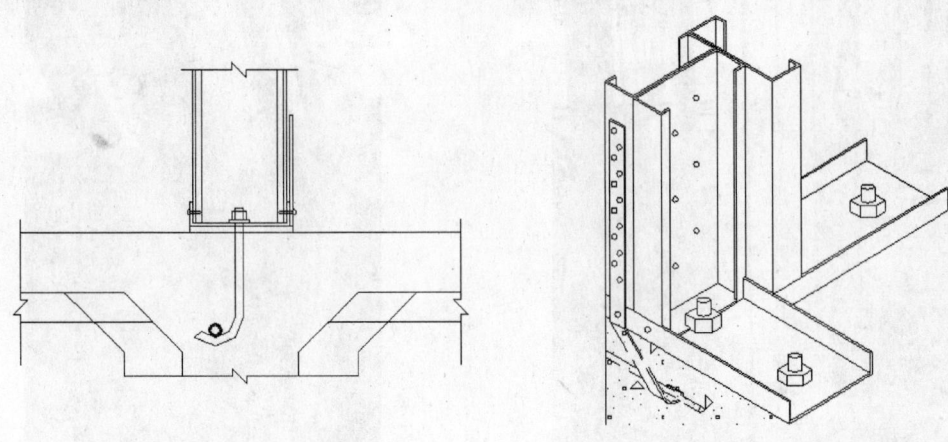

图 5-3-23 沿地龙骨、柱与基础的连接 1

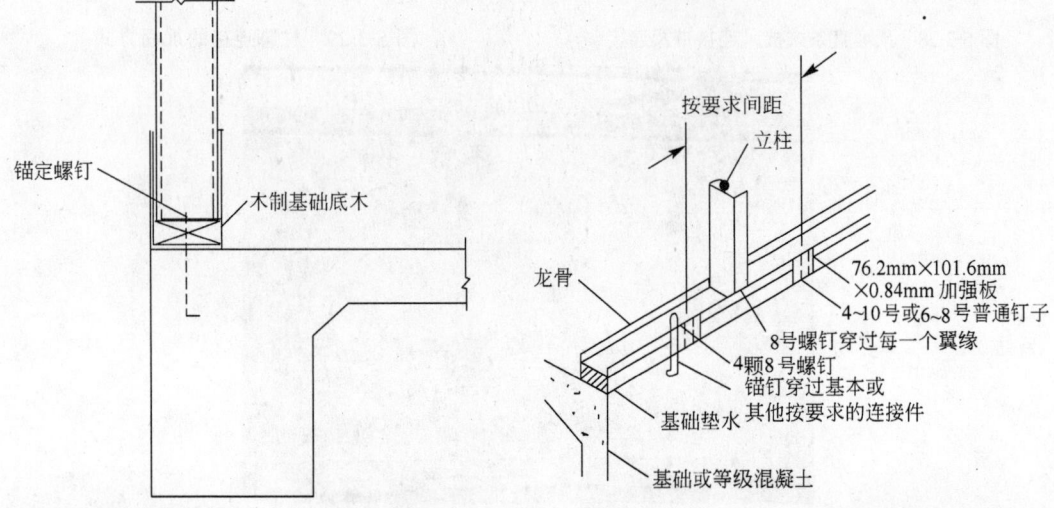

图 5-3-24 沿地龙骨、柱与基础的连接 2　　图 5-3-25 沿地龙骨、柱与基础的连接 3

图 5-3-26 地脚螺栓连接

图 5-3-27 基础中预埋的管路

图 5-3-28 预埋直条式抗风连接带及连接

图 5-3-29 柱脚连接的加固方式

图 5-3-30 基础上的隔潮层、OSB 垫层和搁栅防振胶垫

(2) 一楼地面搁栅

一楼地面搁栅做法如图 5-3-31 和图 5-3-32 所示。

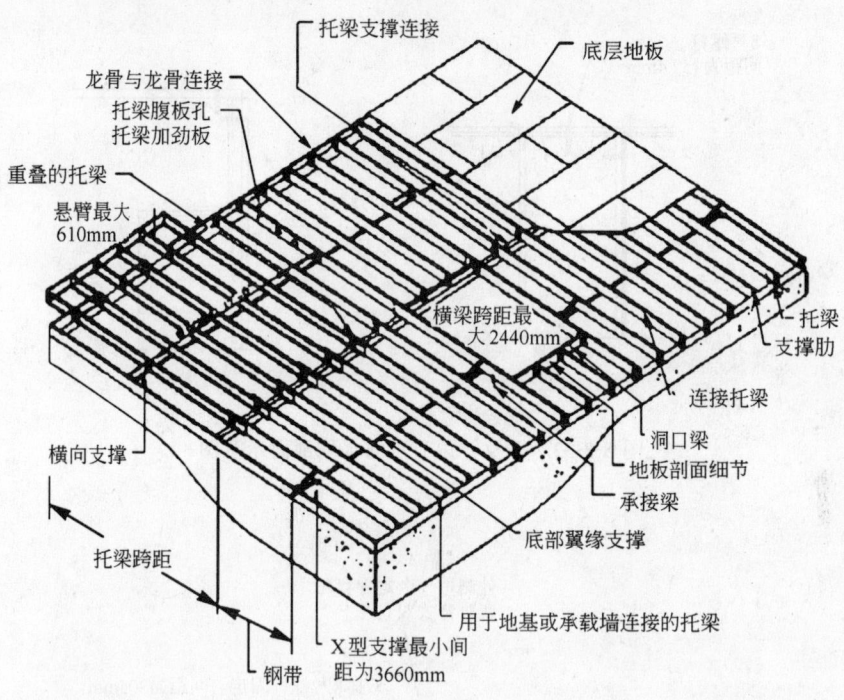

图 5-3-31　地下室顶棚的一层搁栅示意图

图 5-3-32　在北京西郊进行冬季施工的地下室顶棚搁栅

（3）墙柱组合以及转角工法

墙柱组合以及转角工法如图 5-3-33～图 5-3-38 所示

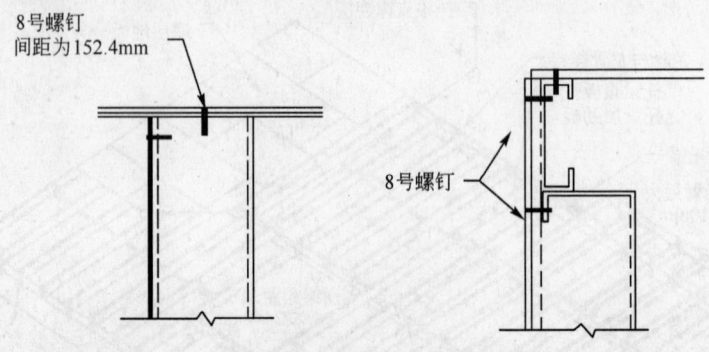

图 5-3-33 墙及转角节点的水平剖面示意图

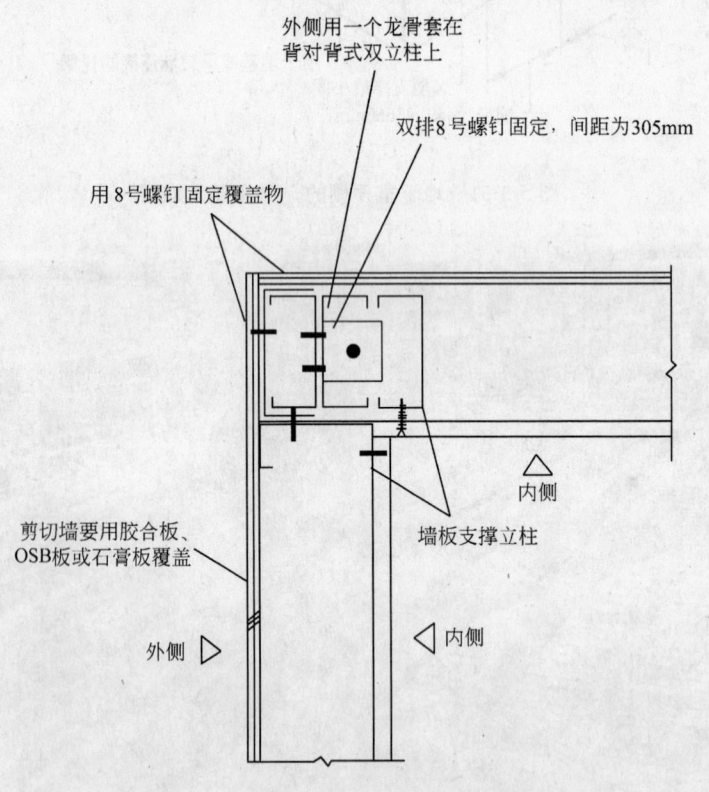

图 5-3-34 墙及转角节点的水平剖面示意图

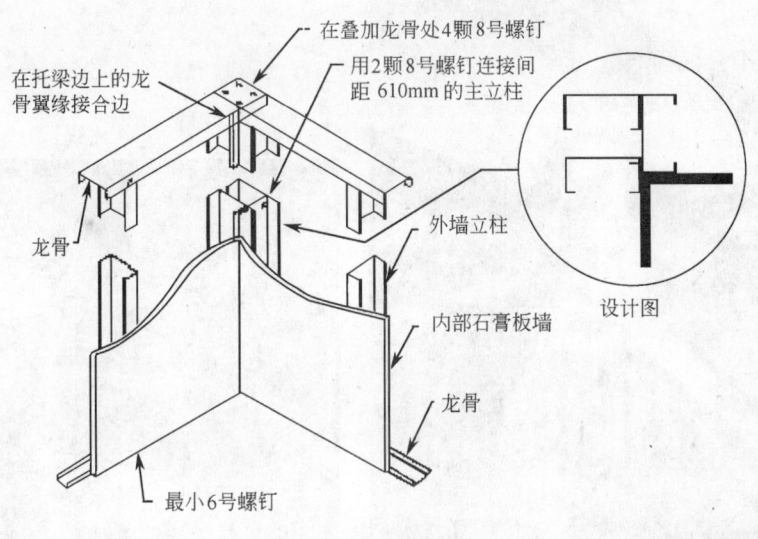

图 5-3-35 墙及转角节点示意图

图 5-3-36 墙及转角的地面工法

图 5-3-37 墙及转角的上部工法

图 5-3-38 墙及特殊转角的处理

（4）斜支撑与临时支撑

斜支撑与临时支撑做法如图 5-3-39～图 5-3-43 所示。

图 5-3-39 支撑框架的示意图

图 5-3-40 支撑框架与临时支撑

图 5-3-41 支撑框架

图 5-3-42 支撑框架的脚部连接工法

图 5-3-43 支撑框架的脚部连接工法

(5) 楼层搁栅及结构构件的连接

楼层搁栅及结构构件的连接做法如图 5-3-44～图 5-3-49 所示。

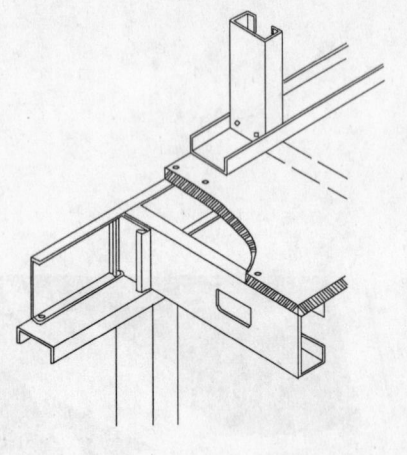

图 5-3-44 楼板节点的示意图　　　　图 5-3-45 楼板连接处理细节

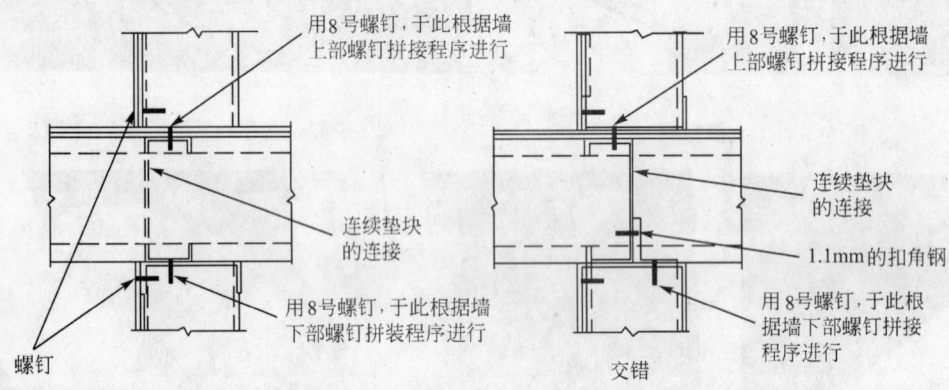

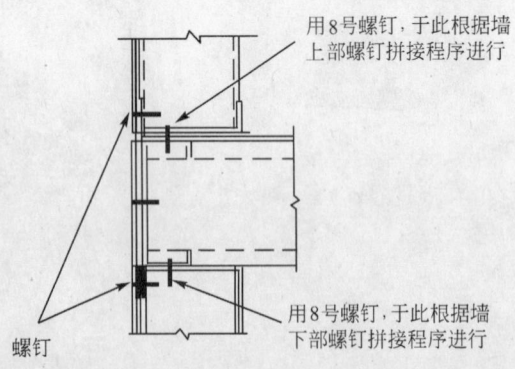

图 5-3-46 楼板连接方法的垂直剖面图

图 5-3-47 楼板施工实景

图 5-3-48 校验楼层搁栅

图 5-3-49 从首层看楼层搁栅

(6) 洞口处理及过梁的连接

洞口处理及过梁的连接做法如图 5-3-50～图 5-3-52 所示。

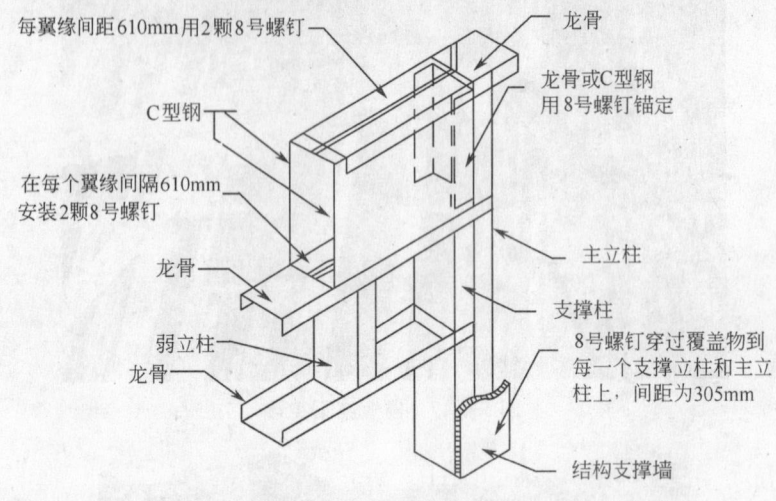

图 5-3-50 过梁工法示意图

图 5-3-51 过梁组合工法

图 5-3-52 窗洞口的梁柱组合工法

(7) 屋面构造

屋面构造如图 5-3-53～图 5-3-59 所示。

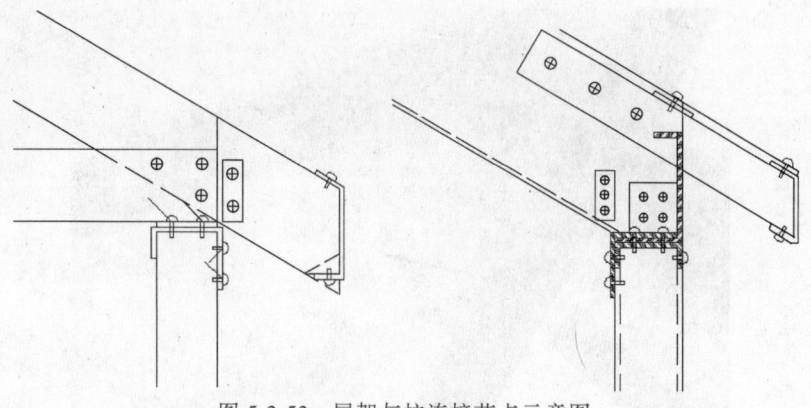

图 5-3-53 屋架与柱连接节点示意图

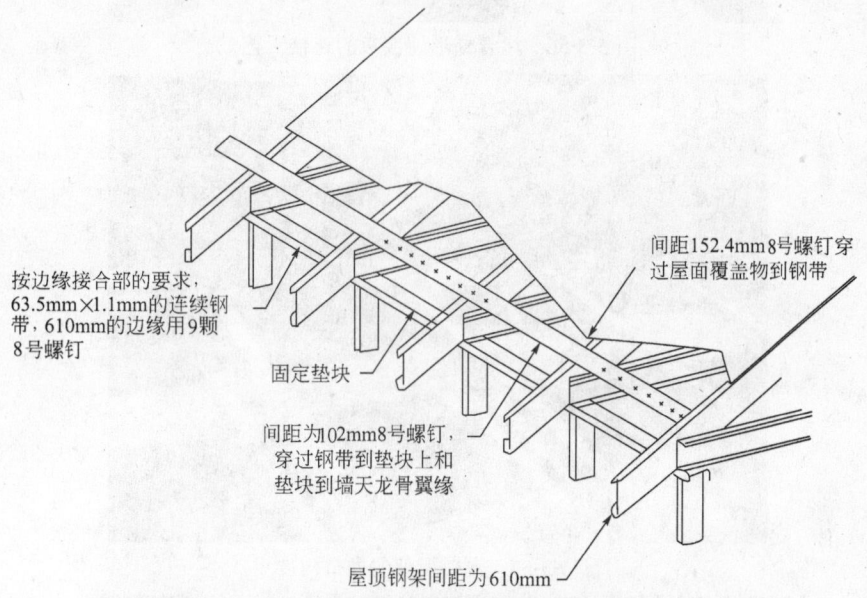

图 5-3-54 屋檐口部分的工法

图 5-3-55 屋架矩形连接板的连接工艺

图 5-3-56 屋脊梯形连接板的连接工艺

图 5-3-57 调校屋架的檐口构件

图 5-3-58 两坡屋面交汇的处理

图 5-3-59 运到现场的"人"字形屋架组合构件

3．结构计算

低层轻钢龙骨结构建筑主要用于商业性质和民用住宅，所以，结构计算不仅要遵循本体系结构计算的规范，还必须参照相应的商业与民用建筑规范执行。

该体系的结构计算是依据建筑物所在地与应用场合的受力条件，包括对特殊荷载的考虑，综合得出强度指标。实际应用中，只要按这些强度指标选用相应的构件规格和节点方式，制定出合理的配合方案，就能建造出保证品质的建筑物。

低层轻钢龙骨结构建筑在计算强度时，与其他结构相比具有明显的特殊性。正如前面指出，在规范范围内，构件所使用的钢材越薄，也就是钢材在轧制时的下轧量越大，构件的综合性能指标就越好。构件的强度值高于材料的强度值。目前世界各国的低层轻钢龙骨结构建筑几乎都是以 OSB 板或类似板材做蒙皮处理的，它对整体承载力有很大的贡献。因此在设计强度或在选用构件规格时，可以放宽尺度，以降低成本。

(1) 美国计算体系简介

美国在轻钢龙骨结构体系的结构计算方面有独特的计算方法，但在我国还不能直接采用。这里介绍部分采用的标准、计算条件和内容。

1) 标准、设计条件和取值

① 建筑

Uniform Building Code, 1994；统一建筑标准，1994 年版

AISC ASD, 9th Edition；AISC ASD，第九版

AISI Residential Steel Framing Manual, 1993;

ACI 318-89；AISI 民用钢结构建筑手册，1993 年版

ACI318-89Rererences：ICBO Report No.4389P by Steeler, Inc;

ICBO Report No.1715P by Angeles Metal;

ICBO Report No.4782P by Dietrich Ind.

② 地质

Report By：Name of Agent Not available, as attached.

Active：N/A

Concrete/Soil Friction：0.30

③ *轻钢许用应力

20 and 18 Gauge：	F_y = 33 Ksi
	F_u = 45 Ksi
16，14 & 12 Gauge：	F_y = 50 Ksi
	F_u = 65 Ksi

④ 型钢许用应力

*Tubes, A46：	F_y = 46 Ksi
	F_u = 67 Ksi
I, C, Pplace etc., A36：	F_y = 36 Ksi
C 型钢	F_u = 58 Ksi

⑤ 地基水泥 F_c = 2,500 Psi

⑥ 设计载荷

屋面 Roof	T.C.	DL = 10 psf	
		LL = 16 psf (W/ 125% Duration Factor)	
	B.C.	DL = 7 psf	
		LL = 10 psf (Non-concurrent W/T.C.L)	
地面 Floor	T.C.	DL = 10 psf	
		LL = 40 psf (W/ 100% Duration Factor)	
	B.C.	DL = 5 psf	
		LL = 10 psf (Non-concurrent W/T.C.LL)	

⑦ 横向力载荷条件

风载 Wind Load (0.8 kPa/1.8 kPa) UBC Equivalent：

Basic Wind Speed：80mph

Exposure：   D

地震载荷 Seismic Design (Classification 7D) UBS Equal：

Seismic Zone：4

Importance Factor：1.0

2）荷载计算内容

①荷载　屋顶

　　　　地板

②墙体　外承载墙

　　　　内承载墙

③屋顶

　　　屋架

　　　檩条

　　　临界梁/横梁

④ 楼板结构

3）地基计算内容

①连续地基

②水泥地面

③方地基

4）横向力计算内容

①控制荷载

　　风荷载计算

　　地震荷载计算

②竖向剪力模板

　　附属荷载

　　地脚螺栓

③水平剪力模板

　　屋顶板

（2）借鉴我国标准和技术规范进行结构计算

本文以北京某别墅小区 T1 户型的楼面托梁设计为例，说明结构计算的内容与方法。

1）依据及参考文献

《建筑结构设计统一标准》（GB 50068—2001）

《钢结构设计规范》（GBJ 17—88）

《建筑结构荷载规范》（GB 50009—2001）

《冷弯薄壁型钢结构技术规范》（GB 50018—2002）

《冷钢结构住宅技术手册》（2000 版）

美国原设计图纸

2) 材料物理性质

①冷弯薄壁型钢

屈服强度　　　　　　　　　　$f_y = 235 \text{MPa}$

抗拉、抗压和抗弯设计强度　　$f = 205 \text{N/mm}^2$

抗剪设计强度　　　　　　　　$f_v = 120 \text{N/mm}^2$

②热轧 H 型钢

采用 Q235，屈服强度　　　　$f_y = 235 \text{MPa}$

抗拉、抗压和抗弯设计强度　　$f = 215 \text{ N/mm}^2$

抗剪设计强度　　　　　　　　$f_v = 125 \text{N/mm}^2$

③钢材物理性能

弹性模量：　　　　　　　　　$E = 206 \times 10^3 \text{N/mm}^2$

剪变模量：　　　　　　　　　$G = 79 \times 10^3 \text{N/mm}^2$

3) 设计荷载标准值

所用材料自重：

多彩玻纤瓦：11.6kg/m^2

定向刨花板（OSB）：640kg/m^3

隔声棉：18kg/m^3

耐火纸面石膏板（12mm 厚）：10.62kg/m^2

地毯：0.675kg/m^2

①屋面：　　　　　　　　活荷载 $= 0.5 \text{ kN/m}^2$

雪荷载：　　　　　　　　基本雪压 $S_0 = 0.40 \text{kN/m}^2$

恒载：

多彩玻纤瓦：　　　　　　$11.6 \times 9.8 = 0.11 \text{kN/m}^2$

油毡防水层：　　　　　　0.05kN/m^2

12 厚定向刨花板：　　　$640 \times 0.012 \times 9.8 = 0.075 \text{kN/m}^2$

屋架自重：　　　　　　　0.15kN/m^2

合计：　　　　　　　　　0.39kN/m^2

②楼面：　　　　　　　　活荷载 $= 2.0 \text{ kN/m}^2$

恒载：

15 厚地毯：　　　　　　　$0.675 \times 9.8 = 0.01 \text{kN/m}^2$

18 厚定向刨花板（OSB）：$640 \times 0.018 \times 9.8 = 0.11 \text{kN/m}^2$

100 厚隔声棉：　　　　　$18 \times 0.1 \times 9.8 \times 10^{-3} = 0.02 \text{kN/m}^2$

12mm 石膏板：　　　　　0.1kN/m^2

合计：　　　　　　　　　0.24kN/m^2

4) 横向力荷载条件

风荷载：　　　　　基本风压 $w_0 = 0.45\text{kN/m}^2$

5) 截面特性的计算公式

因为国内现有的冷弯薄壁型钢截面特性表没有包含设计图纸中所用的型钢，故依据《冷弯薄壁型钢结构技术规范》(GB 50018—2002)附录 B 中的内容对本计算书所涉及的型钢截面特性性质进行计算，计算书中所采用的截面数据均依据于此。

向内卷边 C 型钢（槽钢如图 5-3-60 所示）计算公式如下：

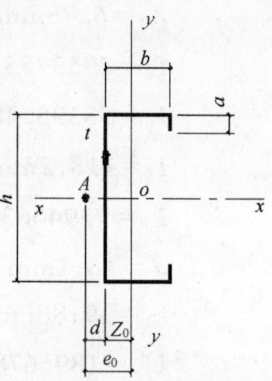

图 5-3-60　C 型龙骨构件截面图

$$A = (h + 2b + 2a)t$$

$$Z_0 = \frac{b(b + 2a)}{h + 2b + 2a}$$

$$I_x = 1\frac{1}{2}h^3 t + \frac{1}{2}bh^2 t + \frac{1}{6}a^3 t + \frac{1}{2}a(h - a)^2 t$$

$$I_y = hz_0^2 t + \frac{1}{6}b^3 t + 2b\left(\frac{b}{2} - z_0\right)^2 t + 2a(b - z_0)^2 t + 2a(b - z_0)^2 t$$

$$I_t = \frac{1}{3}(h + 2b + 2a)t^3$$

$$I_w = \frac{d^2 h^3 t}{12} + \frac{h^2}{6}[d^3 + (b - d)^3]t$$
$$\quad + \frac{a}{b}[3h^2(d - b)^2 - 6ha(d^2 - b^2) + 4a^2(d + b)^2]t$$

$$d = \frac{b}{I_x}\left(\frac{1}{4}bh^2 + \frac{1}{2}ah^2 - \frac{2}{3}a^3\right)t$$

$$e_0 = d + z_0$$

$$U_y = t\left[\frac{(b - z_0)^4}{2} - \frac{z_0^4}{2} - z_0^3 h + \frac{(b - z_0)^2 h^2}{4} - \frac{z_0^2 h^2}{4} - \frac{z_0 h^3}{12}\right.$$
$$\left. + 2a(b - z_0)^3 + 2(b - z_0)\left(\frac{a^3}{3} - \frac{a^2 h}{2} + \frac{ah^2}{4}\right)\right]$$

6) 其他

本文的内力和挠度的计算使用了清华大学土木系结构力学教研室研制的《结构力学求解器》(v1.5a) 进行求解。

7) 楼面托梁的计算

① 基本资料

采用 MST 构件 254C，间距 406mm 的托梁，$b = 40\text{mm}$，$h = 254\text{mm}$，$t = 1\text{mm}$，$a = 10\text{mm}$，中距 406mm，材料自重：3.2kg/m。

②截面性质

$A = 354 \text{mm}^2$

$Z_0 = 6.78 \text{mm}$

$I_x = 2953755.33 \text{mm}^4$

$I_y = 58395.48 \text{mm}^4$

$I_t = 118.2 \text{mm}^4$

$I_w = 739406389.8 \text{mm}^6$

$d = 13.1 \text{mm}$

$e_0 = 19.88 \text{mm}$

$U_y = 18956788.97 \text{mm}^5$

③荷载计算

托梁承受左右 1/2 中距的楼面荷载，即 406mm 范围内的荷载。

荷载效应组合设计值：$S = r_G S_{GK} + r_Q S_{QK}$

其中：$r_G = 1.2$

$r_Q = 1.4$

$S_{QK} = 2.0 \times 0.406 = 0.812$（kN/m）

$S_{GK} = 0.24 \times 0.406 + 9.8 \times 3.2 \times 10^{-3} = 0.13$（kN/m）

则： $S = 1.2 \times 0.13 + 1.4 \times 0.812 = 1.3$（kN/m）

④计算简图及内力图

跨度：4572mm，单跨简支梁计算简图及内力图如图 5-3-61～图 5-3-64 所示。

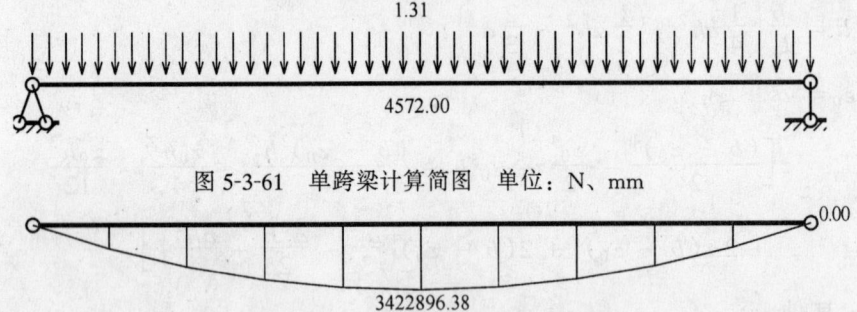

图 5-3-61 单跨梁计算简图 单位：N、mm

图 5-3-62 单跨梁弯距图 单位：N、m

⑤毛截面强度的计算

利用公式：

$$\delta = \frac{M_{\max}}{W_{nx}}$$

其中：

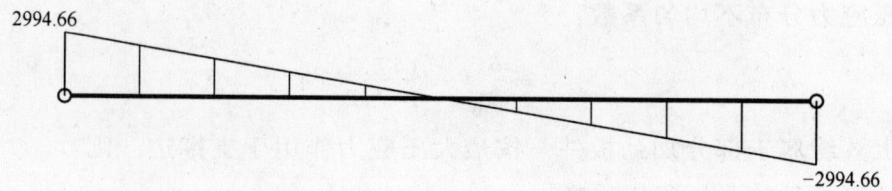

图 5-3-63 单跨梁剪力图 单位：N

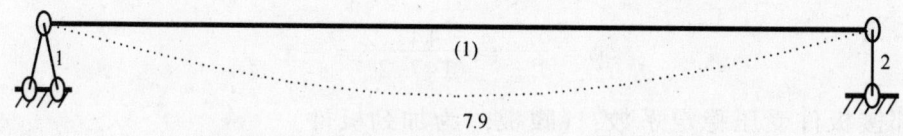

图 5-3-64 单跨梁位移变形图 单位：mm

$M_{\max} = 3422896\text{N}$

$I = 2953755.33\text{mm}^4$

$W_{nx} = \dfrac{I_x}{x_{\max}} = \dfrac{2953755.33}{127} = 23257.92\text{mm}^3$

$t = 1\text{mm}$

将各值代入：

$$\delta = \dfrac{M_{\max}}{W_{nx}} = \dfrac{3422896}{23257.92} = 147.2\text{N/mm}^2$$

⑥计算有效截面特性

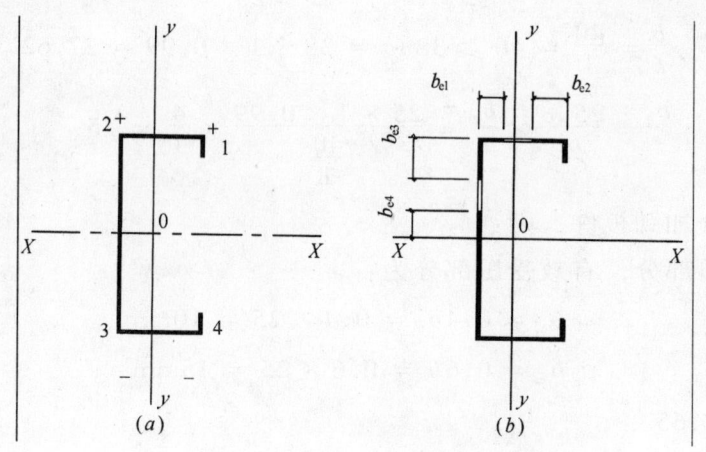

图 5-3-65 截面特性

(a) 截面应力分布图；(b) 受压杆件有效截面图

（A）上翼缘

上翼缘为一均匀受压的一边支撑，一边卷边板件。

压应力分布不均匀系数：

$$\psi = \frac{\delta_{\min}}{\delta_{\max}} = \frac{147.2}{147.2} = 1$$

上翼缘属于部分加劲板件，按最大压应力作用于支撑边，则：
计算板件的受压稳定系数：

$$k = 5.89 - 11.59\psi + 6.68\psi^2 = 5.89 - 11.59 \times 1 + 6.68 \times 1^2 = 0.98$$

邻接板件压应力分布不均匀系数：

$$\psi = \frac{\delta_{\min}}{\delta_{\max}} = \frac{-147.2}{147.2} = -1$$

邻接板件受压稳定系数：（腹板，为加劲板件）

$$k_c = 7.8 - 6.29\psi + 9.78\psi^2 = 7.8 - 6.29 \times (-1) + 9.78 \times (-1)^2 = 23.87$$

计算受压板件的板组约束系数：

$$\xi = \frac{c}{b}\sqrt{\frac{k}{k_c}} = \frac{254}{40}\sqrt{\frac{0.89}{23.87}} = 1.287 > 1.1，故：$$

$$k_1 = 0.11 + \frac{0.93}{(\xi - 0.05)^2} = 0.11 + \frac{0.93}{(1.287 - 0.05)^2} = 0.718$$

得计算系数：

$$\rho = \sqrt{\frac{250kk_1}{\sigma_1}} = \sqrt{\frac{205 \times 0.98 \times 0.718}{147.2}} = 0.99$$

$$\alpha = 1.15 - 0.15\psi = 1.15 - 0.15 \times 1 = 1$$

有效宽厚比的计算：

$$\frac{b}{t} = \frac{40}{1} = 40 \geqslant 38\alpha\rho = 38 \times 1 \times 0.99 = 37.62$$

$$\frac{b_e}{t} = \frac{25\alpha\rho}{\frac{b}{t}} \times \frac{b_c}{t} = \frac{25 \times 1 \times 0.99}{\frac{40}{1}} \times \frac{4}{1} = 25$$

对于部分加劲板件，则：
扣除超出部分，有效受压部分为：

$$b_{e1} = 0.4b_e = 0.4 \times 25 = 10\text{mm}$$

$$b_{e2} = 0.6b = 0.6 \times 25 = 15\text{mm}$$

见图 6.3.65

（B）腹板

压应力分布不均匀系数：

$$\psi = \frac{\delta_{\min}}{\delta_{\max}} = \frac{-142.7}{142.7} = -1$$

腹板属于加劲板件，$\psi = -1$ 则计算板件的受压稳定系数：

$$k = 7.8 - 6.29\psi + 9.78\psi^2 = 7.8 - 6.29 \times (-1) + 9.78 \times 1^2 = 23.87$$

邻接板件压应力分布不均匀系数：

$$\psi = \frac{\delta_{\min}}{\delta_{\max}} = \frac{142.7}{142.7} = +1$$

邻接板件受压稳定系数：（翼缘，为部分加劲板件）

$$k_c = 5.89 - 11.59\psi + 6.68\psi^2 = 5.59 - 11.59 \times 1 + 6.68 \times 1^2 = 0.98$$

计算受压板件的板组约束系数：

$$\xi = \frac{c}{b}\sqrt{\frac{k}{k_c}} = \frac{40}{254}\sqrt{\frac{23.87}{0.98}} = 0.777 < 1.1$$

$$k_1 = \frac{1}{\sqrt{\xi}} = \frac{1}{\sqrt{0.777}} = 1.13,$$

得计算系数：

$$\rho = \sqrt{\frac{205 k k_1}{\sigma_1}} = \sqrt{\frac{205 \times 23.87 \times 1.13}{142.7}} = 6.22$$

$$\alpha = 1.15 - 0.15\psi = 1.15 - 0.15 \times (-1) = 1.3$$

有效宽厚比的计算：

$18\alpha\rho = 18 \times 1.3 \times 6.22 = 145.5$

$38\alpha\rho = 38 \times 1.3 \times 6.22 = 307.2$

$$18\alpha\rho < \frac{b}{t} = \frac{254}{1} = 254 < 38\alpha\rho$$

$$b_c = \frac{b}{1-\psi} = \frac{254}{1+1} = 127$$

$$\frac{b_e}{t} = \left[\sqrt{\frac{21.8\alpha\rho}{\frac{b}{t}}} - 0.1\right]\frac{b_c}{t} = \left[\sqrt{\frac{21.8 \times 1.3 \times 6.22}{\frac{254}{1}}} - 0.1\right]\frac{127}{1} = 93$$

对于加劲板件，（$\psi = -1$）则：

扣除超出部分，有效受压部分为：

$$b_{e3} = 0.4 b_e = 0.4 \times 93 = 37.2 \text{mm}$$

$$b_{e4} = 0.6 b_e = 0.6 \times 93 = 55.8 \text{mm}$$

见图 5-3-65

受拉部分全部有效。

(C) 下翼缘

薄壁 C 型钢系受弯构件，下翼缘为受拉板件，截面全部有效。

(D) 有效截面特性

$$I_{\text{nex}} = 2953755.33 - \left[\frac{1}{12}(40-25) \times 1^3 + (40-25) \times 1 \times 127^2\right]$$

$$-\left[\frac{1}{12} \times 1 \times 34^3 + 1 \times 34 \times \left(\frac{34}{2} + 55.8\right)^2\right] = 2528349.2 \text{mm}^4$$

$$W_{nex} = \frac{I_{nex}}{x_{max}} = \frac{2528349.2}{127} = 19908.3 \text{mm}^3$$

⑦截面强度的计算

利用公式：

$$\delta = \frac{M_{max}}{W_{enx}} \leqslant f$$

$$\tau = \frac{V_{max} S^*}{It} \leqslant f_v$$

其中：

$M_{max} = 3422896\text{N}$

$W_{enx} = 21867.5\text{mm}^3$

$V_{max} = 2995\text{N}$

$S^* = 1 \times 127 \times 63.5 + 1 \times 38 \times 127 + 1 \times 10 \times 122 = 14110.5\text{mm}^3$

$I = 2953755.33\text{mm}^4$

$t = 1\text{mm}$

将各值代入：

$$\delta = \frac{M_{max}}{W_{enx}} = \frac{3422896}{19908.3} = 171.9\text{N/mm}^2 \leqslant f = 205\text{N/mm}^2, 满足要求$$

$$\tau = \frac{V_{max} S^*}{It} = \frac{2995 \times 14110.5}{2953755.33 \times 1} = 14.3\text{N/mm}^2 \leqslant f_v = 120\text{N/mm}^2, 满足要求$$

⑧整体稳定的计算

因为考虑到托梁与其OSB结构面板有可靠的连接，其稳定性得到可靠的保障，不予计算。

⑨梁跨中挠度验算

按荷载标准值进行计算

$$S_{Qk} = 0.812\text{kN/m} \qquad S_{Qk} = 0.13\text{kN/m}$$

$$q = S_{Qk} + S_{Gk} = 0.812 + 0.13 = 0.942\text{kN/m}$$

$$v_{max} = 7.9\text{mm} < \frac{l}{400} = \frac{4572}{400} = 11.43\text{mm}, 满足要求$$

5.3.7 查表选用构件的方法

低层轻钢龙骨结构构件在国外已经产业化生产，构件产品已经标准化和系列化，《冷弯型钢结构住宅技术手册》("Prescriptive Method For Residential Cold-Formed Steel Framing", Year 2000 Edition)中给出在各种荷载条件下使用的构件尺寸，供工程师直接可以通过查表的方法选用构件，而不必对每一个构件

屋顶及顶棚的 2.44m 墙立柱的设计厚度（一层或二层建筑中的第二层 Q235 钢）

表 5-3-4

风速			构件名称	构件间距(mm)	立柱厚度(mm) 建筑宽度(m)																				
风向 A/B (km/hr)	风向 C (km/hr)				7.3				8.5				9.8				11.0								
					雪载(kN/m²)				雪载(kN/m²)				雪载(kN/m²)				雪载(kN/m²)								
					0.96	1.44	2.40	3.35	0.96	1.44	2.40	3.35	0.96	1.44	2.40	3.35	0.96	1.44	2.40	3.35					
112.7	112.7		89C	406	0.84	0.84	0.84	0.84	0.84	0.84	0.84	0.84	0.84	0.84	0.84	0.84	0.84	0.84	0.84	0.84					
				610	0.84	0.84	0.84	0.84	0.84	0.84	0.84	0.84	0.84	0.84	0.84	0.84	0.84	0.84	0.84	0.84					
			140C	406	0.84	0.84	0.84	0.84	0.84	0.84	0.84	0.84	0.84	0.84	0.84	0.84	0.84	0.84	0.84	0.84					
				610	0.84	0.84	0.84	0.84	0.84	0.84	0.84	0.84	0.84	0.84	0.84	0.84	0.84	0.84	0.84	0.84					
128.8	128.8		89C	406	0.84	0.84	0.84	0.84	0.84	0.84	0.84	0.84	0.84	0.84	0.84	1.09	0.84	0.84	0.84	1.09					
				610	0.84	0.84	0.84	1.09	0.84	0.84	0.84	1.09	0.84	0.84	1.09	1.09	0.84	0.84	1.09	1.09					
			140C	406	0.84	0.84	0.84	0.84	0.84	0.84	0.84	0.84	0.84	0.84	0.84	0.84	0.84	0.84	0.84	0.84					
				610	0.84	0.84	0.84	0.84	0.84	0.84	0.84	0.84	0.84	0.84	0.84	0.84	0.84	0.84	0.84	0.84					
144.9	144.9		89C	406	0.84	0.84	0.84	1.09	0.84	0.84	1.09	1.09	0.84	0.84	1.09	1.09	0.84	1.09	1.09	1.09					
				610	0.84	1.09	1.09	1.37	1.09	1.09	1.09	1.37	1.09	1.09	1.37	1.37	1.09	1.09	1.37	1.37					
			140C	406	0.84	0.84	0.84	0.84	0.84	0.84	0.84	0.84	0.84	0.84	0.84	0.84	0.84	0.84	0.84	0.84					
				610	0.84	0.84	0.84	0.84	0.84	0.84	0.84	0.84	0.84	0.84	0.84	0.84	0.84	0.84	0.84	0.84					
161	161		89C	406	1.09	1.09	1.09	1.37	1.09	1.09	1.37	1.37	1.09	1.09	1.37	1.73	1.09	1.37	1.73	1.73					
				610	1.37	1.37	1.73	1.73	1.37	1.37	1.73	1.73	1.37	1.73	1.73	1.73	1.37	1.73	1.73	1.73					
			140C	406	0.84	0.84	0.84	0.84	0.84	0.84	0.84	0.84	0.84	0.84	0.84	0.84	0.84	0.84	0.84	0.84					
				610	0.84	0.84	0.84	0.84	0.84	0.84	0.84	0.84	0.84	0.84	0.84	0.84	0.84	0.84	0.84	0.84					
177.1	177.1		89C	406	1.09	1.09	1.09	1.37	1.09	1.09	1.37	1.73	1.09	1.37	1.73	1.73	1.37	1.73	1.73	2.46					
				610	1.73	1.73	1.73	1.73	1.73	1.73	1.73	1.73	1.73	1.73	1.73	2.46	1.73	1.73	2.46	2.46					
			140C	406	0.84	0.84	0.84	0.84	0.84	0.84	0.84	0.84	0.84	0.84	0.84	0.84	0.84	0.84	0.84	0.84					
				610	0.84	1.09	1.09	1.09	1.09	1.09	1.09	1.09	1.09	1.09	1.09	1.09	1.09	1.09	1.09	1.09					

注：1. 容许挠度：L/240。
2. 假定静荷载：屋顶静荷载为 0.575kN/m²，阁楼活载为 0.479kN/m²。
3. 建筑宽度是指被墙立柱支撑的框架构件水平方向的宽度。
4. 外承载墙内侧为最小 12mm 的石膏墙板，外侧为 11mm 的 OSB 板或胶合板。内侧承载墙两面均为最小 12mm 的石膏墙板或胶合板，钢柱壁厚度不小于 0.84mm。

只支撑屋顶及顶棚的2.44m的墙立柱的设计厚度(二层建筑中的首层,钢号Q235)

表 5-3-5

<table>
<tr><th colspan="2">风速</th><th rowspan="3">构件名称</th><th rowspan="3">构件间距(mm)</th><th colspan="20">立柱厚度(mm)
建筑宽度(m)</th></tr>
<tr><th rowspan="2">风向 A/B
(km/hr)</th><th rowspan="2">风向 C
(km/hr)</th><th colspan="4">7.3</th><th colspan="4">8.5</th><th colspan="4">9.8</th><th colspan="4">11.0</th></tr>
<tr><th colspan="4">雪载(kN/m²)</th><th colspan="4">雪载(kN/m²)</th><th colspan="4">雪载(kN/m²)</th><th colspan="4">雪载(kN/m²)</th></tr>
<tr><td></td><td></td><td></td><td></td><td>0.96</td><td>1.44</td><td>2.40</td><td>3.35</td><td>0.96</td><td>1.44</td><td>2.40</td><td>3.35</td><td>0.96</td><td>1.44</td><td>2.40</td><td>3.35</td><td>0.96</td><td>1.44</td><td>2.40</td><td>3.35</td></tr>
<tr><td rowspan="4">112.7</td><td rowspan="4">112.7</td><td rowspan="2">89C</td><td>406</td><td>0.84</td><td>0.84</td><td>0.84</td><td>1.09</td><td>0.84</td><td>0.84</td><td>1.09</td><td>1.09</td><td>0.84</td><td>1.09</td><td>1.09</td><td>1.09</td><td>0.84</td><td>0.84</td><td>1.09</td><td>1.09</td></tr>
<tr><td>610</td><td>1.09</td><td>1.09</td><td>1.09</td><td>1.37</td><td>1.09</td><td>1.09</td><td>1.37</td><td>1.37</td><td>1.09</td><td>1.37</td><td>1.37</td><td>1.37</td><td>1.37</td><td>1.37</td><td>1.37</td><td>1.37</td></tr>
<tr><td rowspan="2">140C</td><td>406</td><td>0.84</td><td>0.84</td><td>0.84</td><td>0.84</td><td>0.84</td><td>0.84</td><td>0.84</td><td>0.84</td><td>0.84</td><td>0.84</td><td>0.84</td><td>0.84</td><td>0.84</td><td>0.84</td><td>0.84</td><td>0.84</td></tr>
<tr><td>610</td><td>0.84</td><td>1.09</td><td>1.09</td><td>1.37</td><td>1.09</td><td>1.09</td><td>1.09</td><td>1.37</td><td>1.09</td><td>1.09</td><td>1.09</td><td>1.37</td><td>1.09</td><td>1.09</td><td>1.09</td><td>1.37</td></tr>
<tr><td rowspan="4">128.8</td><td rowspan="4">112.7</td><td rowspan="2">89C</td><td>406</td><td>0.84</td><td>0.84</td><td>1.09</td><td>1.09</td><td>0.84</td><td>1.09</td><td>1.09</td><td>1.09</td><td>1.09</td><td>1.09</td><td>1.09</td><td>1.09</td><td>1.09</td><td>1.09</td><td>1.09</td><td>1.09</td></tr>
<tr><td>610</td><td>1.09</td><td>1.37</td><td>1.37</td><td>1.37</td><td>1.37</td><td>1.37</td><td>1.37</td><td>1.37</td><td>1.37</td><td>1.37</td><td>1.37</td><td>1.37</td><td>1.37</td><td>1.37</td><td>1.37</td><td>1.37</td></tr>
<tr><td rowspan="2">140C</td><td>406</td><td>0.84</td><td>0.84</td><td>0.84</td><td>0.84</td><td>0.84</td><td>0.84</td><td>0.84</td><td>0.84</td><td>0.84</td><td>0.84</td><td>0.84</td><td>0.84</td><td>0.84</td><td>0.84</td><td>0.84</td><td>0.84</td></tr>
<tr><td>610</td><td>0.84</td><td>1.09</td><td>1.09</td><td>1.37</td><td>1.09</td><td>1.09</td><td>1.09</td><td>1.37</td><td>1.09</td><td>1.09</td><td>1.09</td><td>1.37</td><td>1.09</td><td>1.09</td><td>1.09</td><td>1.37</td></tr>
<tr><td rowspan="4">128.8</td><td rowspan="4">128.8</td><td rowspan="2">89C</td><td>406</td><td>1.09</td><td>1.09</td><td>1.09</td><td>1.09</td><td>1.09</td><td>1.09</td><td>1.09</td><td>1.37</td><td>1.09</td><td>1.09</td><td>1.09</td><td>1.73</td><td>1.09</td><td>1.09</td><td>1.09</td><td>1.73</td></tr>
<tr><td>610</td><td>1.37</td><td>1.37</td><td>1.37</td><td>1.37</td><td>1.37</td><td>1.37</td><td>1.37</td><td>1.37</td><td>1.37</td><td>1.37</td><td>1.37</td><td>1.37</td><td>1.37</td><td>1.37</td><td>1.37</td><td>1.37</td></tr>
<tr><td rowspan="2">140C</td><td>406</td><td>0.84</td><td>0.84</td><td>0.84</td><td>0.84</td><td>0.84</td><td>0.84</td><td>0.84</td><td>0.84</td><td>0.84</td><td>0.84</td><td>0.84</td><td>0.84</td><td>0.84</td><td>0.84</td><td>0.84</td><td>0.84</td></tr>
<tr><td>610</td><td>0.84</td><td>1.09</td><td>1.09</td><td>1.37</td><td>1.09</td><td>1.09</td><td>1.09</td><td>1.37</td><td>1.09</td><td>1.09</td><td>1.09</td><td>1.37</td><td>1.09</td><td>1.09</td><td>1.09</td><td>1.37</td></tr>
<tr><td rowspan="4">144.9</td><td rowspan="4">144.9</td><td rowspan="2">89C</td><td>406</td><td>1.09</td><td>1.09</td><td>1.09</td><td>1.09</td><td>1.09</td><td>1.09</td><td>1.09</td><td>1.73</td><td>1.09</td><td>1.09</td><td>1.09</td><td>1.73</td><td>1.09</td><td>1.09</td><td>1.09</td><td>1.73</td></tr>
<tr><td>610</td><td>1.37</td><td>1.73</td><td>1.73</td><td>1.73</td><td>1.73</td><td>1.73</td><td>1.73</td><td>1.73</td><td>1.73</td><td>1.73</td><td>1.73</td><td>1.73</td><td>1.73</td><td>1.73</td><td>1.73</td><td>1.73</td></tr>
<tr><td rowspan="2">140C</td><td>406</td><td>0.84</td><td>0.84</td><td>0.84</td><td>0.84</td><td>0.84</td><td>0.84</td><td>0.84</td><td>0.84</td><td>0.84</td><td>0.84</td><td>0.84</td><td>0.84</td><td>0.84</td><td>0.84</td><td>0.84</td><td>0.84</td></tr>
<tr><td>610</td><td>0.84</td><td>1.09</td><td>1.09</td><td>1.09</td><td>1.09</td><td>1.09</td><td>1.09</td><td>1.37</td><td>1.09</td><td>1.09</td><td>1.09</td><td>1.37</td><td>1.09</td><td>1.09</td><td>1.09</td><td>1.37</td></tr>
<tr><td rowspan="4">161</td><td rowspan="4">161</td><td rowspan="2">89C</td><td>406</td><td>1.37</td><td>1.09</td><td>1.09</td><td>1.09</td><td>1.09</td><td>1.09</td><td>1.09</td><td>2.46</td><td>1.09</td><td>1.09</td><td>2.46</td><td>2.46</td><td>1.09</td><td>2.46</td><td>2.46</td><td>2.46</td></tr>
<tr><td>610</td><td>1.37</td><td>1.73</td><td>2.46</td><td>2.46</td><td>1.73</td><td>2.46</td><td>2.46</td><td>2.46</td><td>2.46</td><td>2.46</td><td>2.46</td><td>2.46</td><td>2.46</td><td>2.46</td><td>2.46</td><td>2.46</td></tr>
<tr><td rowspan="2">140C</td><td>406</td><td>0.84</td><td>0.84</td><td>0.84</td><td>0.84</td><td>0.84</td><td>0.84</td><td>0.84</td><td>0.84</td><td>0.84</td><td>0.84</td><td>0.84</td><td>0.84</td><td>0.84</td><td>0.84</td><td>0.84</td><td>0.84</td></tr>
<tr><td>610</td><td>1.09</td><td>1.09</td><td>1.09</td><td>1.09</td><td>1.09</td><td>1.09</td><td>1.09</td><td>1.09</td><td>1.09</td><td>1.09</td><td>1.09</td><td>1.09</td><td>1.09</td><td>1.09</td><td>1.09</td><td>1.09</td></tr>
<tr><td rowspan="4">177.1</td><td rowspan="4">177.1</td><td rowspan="2">89C</td><td>406</td><td>1.37</td><td>1.37</td><td>1.37</td><td>1.37</td><td>1.37</td><td>1.37</td><td>1.37</td><td>1.37</td><td>1.37</td><td>1.37</td><td>2.46</td><td>2.46</td><td>1.37</td><td>2.46</td><td>2.46</td><td>2.46</td></tr>
<tr><td>610</td><td>1.37</td><td>2.46</td><td>2.46</td><td>2.46</td><td>2.46</td><td>2.46</td><td>2.46</td><td>2.46</td><td>2.46</td><td>2.46</td><td>2.46</td><td>2.46</td><td>2.46</td><td>2.46</td><td>2.46</td><td>2.46</td></tr>
<tr><td rowspan="2">140C</td><td>406</td><td>0.84</td><td>0.84</td><td>0.84</td><td>0.84</td><td>0.84</td><td>0.84</td><td>0.84</td><td>0.84</td><td>0.84</td><td>0.84</td><td>0.84</td><td>0.84</td><td>0.84</td><td>0.84</td><td>0.84</td><td>0.84</td></tr>
<tr><td>610</td><td>1.09</td><td>1.09</td><td>1.09</td><td>1.37</td><td>1.09</td><td>1.09</td><td>1.09</td><td>1.37</td><td>1.09</td><td>1.09</td><td>1.09</td><td>1.37</td><td>1.09</td><td>1.09</td><td>1.09</td><td>1.37</td></tr>
</table>

注: 1. 容许挠度: L/240。
2. 假定设计荷载: 二层楼层静荷载为 0.479kN/m², 阁楼荷载为 0.479kN/m², 屋顶静荷载为 0.575kN/m², 二层地面活载为 1.44kN/m²。
3. 建筑宽度是指披墙立柱支撑的框架构件水平方向的宽度。
4. 外承载墙内侧为最小 12mm 的石膏墙板, 外侧为 11mm 的 OSB 板或胶合板。内侧承载墙双面均为最小 12mm 的石膏墙板, 钢柱壁厚度不小于 0.84mm。
5. 载荷为 1.92kN/m² 活载的第二层楼板, 应从较高的雪载列中选取立柱尺寸。

只支撑屋顶及顶棚的 2.74m 的墙立柱的设计厚度（一层或二层建筑中的第二层，钢号 Q235）

表 5-3-6

风速		构件名称	构件间距(mm)	建筑宽度(m) — 立柱厚度(mm)																
风向 A/B (km/hr)	风向 C (km/hr)			7.3 雪载(kN/m²)				8.5 雪载(kN/m²)				9.8 雪载(kN/m²)				11.0 雪载(kN/m²)				
				0.96	1.44	2.40	3.35	0.96	1.44	2.40	3.35	0.96	1.44	2.40	3.35	0.96	1.44	2.40	3.35
112.7	112.7	89C	406	0.84	0.84	0.84	0.84	0.84	0.84	0.84	0.84	0.84	0.84	0.84	0.84	0.84	0.84	0.84	0.84
			610	0.84	0.84	0.84	0.84	0.84	0.84	0.84	0.84	0.84	0.84	0.84	1.09	0.84	0.84	1.09	1.09
		140C	406	0.84	0.84	0.84	0.84	0.84	0.84	0.84	0.84	0.84	0.84	0.84	0.84	0.84	0.84	0.84	0.84
			610	0.84	0.84	0.84	0.84	0.84	0.84	0.84	0.84	0.84	0.84	0.84	0.84	0.84	0.84	0.84	0.84
128.8	128.8	89C	406	0.84	0.84	0.84	0.84	0.84	0.84	0.84	0.84	0.84	0.84	0.84	0.84	0.84	0.84	0.84	0.84
			610	1.09	1.09	1.09	1.09	1.09	1.09	1.09	1.37	1.09	1.09	1.09	1.37	1.09	1.09	1.37	1.37
		140C	406	0.84	0.84	0.84	0.84	0.84	0.84	0.84	0.84	0.84	0.84	0.84	0.84	0.84	0.84	0.84	0.84
			610	0.84	0.84	0.84	0.84	0.84	0.84	0.84	0.84	0.84	0.84	0.84	0.84	0.84	0.84	0.84	0.84
144.9	144.9	89C	406	0.84	0.84	0.84	0.84	0.84	0.84	0.84	0.84	0.84	0.84	0.84	0.84	0.84	0.84	0.84	0.84
			610	1.37	1.37	1.37	1.37	1.37	1.37	1.37	1.37	1.37	1.37	1.37	1.73	1.37	1.37	1.73	1.73
		140C	406	0.84	0.84	0.84	0.84	0.84	0.84	0.84	0.84	0.84	0.84	0.84	0.84	0.84	0.84	0.84	0.84
			610	0.84	0.84	0.84	0.84	0.84	0.84	0.84	0.84	0.84	0.84	0.84	1.09	0.84	0.84	1.09	1.09
161	161	89C	406	1.09	1.09	1.09	1.09	1.09	1.09	1.09	1.09	1.09	1.09	1.09	1.09	1.09	1.09	1.09	1.09
			610	1.73	1.73	1.73	1.73	1.73	1.73	1.73	1.73	1.73	1.73	1.73	1.73	1.73	1.73	1.73	1.73
		140C	406	0.84	0.84	0.84	0.84	0.84	0.84	0.84	0.84	0.84	0.84	0.84	0.84	0.84	0.84	0.84	0.84
			610	1.09	1.09	1.09	1.09	1.09	1.09	1.09	1.37	1.09	1.09	1.09	1.37	1.09	1.09	1.37	1.37
177.1	177.1	89C	406	1.37	1.37	1.37	1.37	1.37	1.37	1.37	1.37	1.37	1.37	1.37	1.37	1.37	1.37	1.37	1.37
			610	2.46	2.46	2.46	2.46	2.46	2.46	2.46	2.46	2.46	2.46	2.46	2.46	2.46	2.46	2.46	2.46
		140C	406	0.84	0.84	0.84	0.84	0.84	0.84	0.84	0.84	0.84	0.84	0.84	0.84	0.84	0.84	0.84	0.84
			610	1.09	1.09	1.09	1.09	1.09	1.09	1.09	1.37	1.09	1.09	1.09	1.37	1.09	1.09	1.37	1.37

注：1. 容许挠度：L/240。
2. 设计荷载限定：屋顶静荷载为 0.575kN/m²，阁楼活载为 0.479kN/m²。
3. 建筑宽度是指被墙立柱支撑的框架构件水平方向的宽度。
4. 外承载墙内侧为最小 12mm 的石膏墙板，外侧为 11mm 的 OSB 板或胶合板。内侧承载墙双面均为最小 12mm 的石膏墙板，钢柱壁厚不小于 0.84mm。

只支撑屋顶及顶棚的2.74m高墙立柱的设计厚度（二层建筑中的首层，钢号Q235）

表5-3-7

风速		构件名称	构件间距(mm)	建筑宽度(m) 立柱厚度(mm)																
风向A/B (km/hr)	风向C (km/hr)			7.3 雪载(kN/m²)				8.5 雪载(kN/m²)				9.8 雪载(kN/m²)				11.0 雪载(kN/m²)			
				0.96	1.44	2.40	3.35	0.96	1.44	2.40	3.35	0.96	1.44	2.40	3.35	0.96	1.44	2.40	3.35
112.7	112.7	89C	406	0.84	0.84	0.84	0.84	0.84	0.84	0.84	0.84	0.84	0.84	0.84	0.84	0.84	0.84	0.84	1.09
			610	1.09	1.09	1.09	1.09	1.09	1.09	1.09	1.37	1.09	1.09	1.37	1.37	1.37	1.37	1.37	1.37
		140C	406	0.84	0.84	0.84	0.84	0.84	0.84	0.84	0.84	0.84	0.84	0.84	0.84	0.84	0.84	0.84	0.84
			610	0.84	0.84	0.84	0.84	0.84	0.84	0.84	1.09	0.84	0.84	1.09	1.09	1.09	1.09	1.09	1.09
128.8	128.8	89C	406	0.84	0.84	0.84	0.84	0.84	0.84	0.84	1.09	0.84	0.84	1.09	1.09	1.09	1.09	1.09	1.09
			610	1.09	1.37	1.37	1.37	1.37	1.37	1.37	1.73	1.37	1.37	1.73	1.73	1.73	1.73	1.73	1.73
		140C	406	0.84	0.84	0.84	0.84	0.84	0.84	0.84	0.84	0.84	0.84	0.84	0.84	0.84	0.84	0.84	0.84
			610	0.84	0.84	1.09	1.09	0.84	0.84	1.09	1.09	0.84	1.09	1.09	1.09	1.09	1.09	1.09	1.09
144.9	144.9	89C	406	1.09	1.09	1.09	1.09	1.09	1.09	1.09	1.37	1.09	1.09	1.37	1.37	1.37	1.37	1.37	1.37
			610	1.37	1.37	1.73	1.37	1.73	1.73	1.73	1.73	1.73	1.73	2.46	2.46	1.73	2.46	2.46	2.46
		140C	406	0.84	0.84	0.84	0.84	0.84	0.84	0.84	0.84	0.84	0.84	0.84	0.84	0.84	0.84	0.84	0.84
			610	1.09	1.09	1.09	1.09	1.09	1.09	1.37	1.37	1.09	1.37	1.37	1.37	1.37	1.37	1.37	1.37
161	161	89C	406	1.09	1.09	1.37	1.37	1.37	1.37	1.37	1.73	1.37	1.37	1.73	1.73	1.73	1.73	1.73	1.73
			610	1.73	2.46	2.46	2.46	2.46	2.46	2.46	—	2.46	2.46	2.46	—	2.46	2.46	2.46	—
		140C	406	1.09	1.09	1.09	1.09	1.09	1.09	1.09	1.09	1.09	1.09	1.09	1.09	1.09	1.09	1.09	1.09
			610	1.37	1.37	1.37	1.37	1.37	1.37	1.73	1.73	1.37	1.73	1.73	1.73	1.73	1.73	1.73	1.73
177.1	177.1	89C	406	1.37	1.37	1.73	1.73	1.73	1.73	1.73	—	1.73	1.73	—	—	—	—	—	—
			610	2.46	—	—	—	—	—	—	—	—	—	—	—	—	—	—	—
		140C	406	1.09	1.09	1.09	1.09	1.09	1.09	1.09	1.09	1.09	1.09	1.09	1.09	1.09	1.09	1.09	1.09
			610	1.37	1.37	1.73	1.73	1.37	1.73	1.73	1.73	1.37	1.73	1.73	1.73	1.37	1.73	1.73	1.73

注：1. 容许挠度：L/240。
2. 假定设计荷载：二层楼层静荷载为0.479kN/m²，阁楼活载为0.479kN/m²，屋顶静荷载为0.575kN/m²，二层地面活载为1.44kN/m²。
3. 建筑宽度是指被墙立柱支撑的框架构件水平方向的宽度。
4. 外承载墙内侧为最小12mm的石膏墙板，外侧为11mm的OSB板或胶合板。内部承载墙双面均为最小12mm的石膏墙板，钢立柱壁厚度不小于0.84mm。
5. 载荷为1.92kN/m²活载的第二层楼板，应从较高的雪载列中选取立柱尺寸。

只支撑屋顶及顶棚的 3.05m 高的墙立柱的设计厚度（一层或二层建筑中的第二层，钢号 Q235）

表 5-3-8

风速		构件名称	构件间距 (mm)	立柱厚度 (mm) 建筑宽度 (m)															
风向 A/B (km/hr)	风向 C (km/hr)			7.3				8.5				9.8				11.0			
				雪载 (kN/m²)				雪载 (kN/m²)				雪载 (kN/m²)				雪载 (kN/m²)			
				0.96	1.44	2.40	3.35	0.96	1.44	2.40	3.35	0.96	1.44	2.40	3.35	0.96	1.44	2.40	3.35
112.7	112.7	89C	406	0.84	0.84	0.84	0.84	0.84	0.84	0.84	0.84	0.84	0.84	0.84	0.84	0.84	0.84	0.84	0.84
			610	0.84	0.84	1.09	1.09	0.84	0.84	1.09	1.09	0.84	0.84	1.09	1.09	0.84	0.84	1.09	1.09
		140C	406	0.84	0.84	0.84	0.84	0.84	0.84	0.84	0.84	0.84	0.84	0.84	0.84	0.84	0.84	0.84	0.84
			610	0.84	0.84	0.84	0.84	0.84	0.84	0.84	0.84	0.84	0.84	0.84	0.84	0.84	0.84	0.84	0.84
128.8	112.7	89C	406	0.84	0.84	0.84	0.84	0.84	0.84	0.84	0.84	0.84	0.84	0.84	1.09	0.84	0.84	0.84	1.09
			610	1.09	1.09	1.09	1.37	1.09	1.09	1.37	1.37	1.09	1.09	1.37	1.37	1.09	1.09	1.37	1.37
		140C	406	0.84	0.84	0.84	0.84	0.84	0.84	0.84	0.84	0.84	0.84	0.84	0.84	0.84	0.84	0.84	0.84
			610	0.84	0.84	0.84	0.84	0.84	0.84	0.84	0.84	0.84	0.84	0.84	0.84	0.84	0.84	0.84	0.84
144.9	128.8	89C	406	0.84	0.84	0.84	1.09	0.84	0.84	1.09	1.09	0.84	0.84	1.09	1.09	0.84	0.84	1.09	1.09
			610	1.37	1.37	1.37	1.73	1.37	1.37	1.73	1.73	1.37	1.37	1.73	1.73	1.37	1.37	1.73	1.73
		140C	406	0.84	0.84	0.84	0.84	0.84	0.84	0.84	0.84	0.84	0.84	0.84	0.84	0.84	0.84	0.84	0.84
			610	0.84	0.84	0.84	1.09	0.84	0.84	1.09	1.09	0.84	0.84	1.09	1.09	0.84	0.84	1.09	1.09
161	144.9	89C	406	1.09	1.09	1.09	1.09	1.09	1.09	1.09	1.09	1.09	1.09	1.09	1.37	1.09	1.09	1.09	1.37
			610	1.73	1.73	1.73	2.46	1.73	1.73	2.46	2.46	1.73	1.73	2.46	2.46	1.73	1.73	2.46	2.46
		140C	406	0.84	0.84	0.84	0.84	0.84	0.84	0.84	0.84	0.84	0.84	0.84	0.84	0.84	0.84	0.84	0.84
			610	1.09	1.09	1.09	1.37	1.09	1.09	1.37	1.37	1.09	1.09	1.37	1.37	1.09	1.09	1.37	1.37
177.1	161	89C	406	1.73	2.46	2.46	—	2.46	2.46	—	—	2.46	2.46	—	—	2.46	2.46	—	—
			610	2.46	2.46	—	—	—	—	—	—	—	—	—	—	—	—	—	—
		140C	406	0.84	0.84	0.84	1.09	0.84	0.84	1.09	1.09	0.84	0.84	1.09	1.09	0.84	0.84	1.09	1.09
			610	1.37	1.37	1.37	1.73	1.37	1.37	1.73	1.73	1.37	1.37	1.73	1.73	1.37	1.37	1.73	1.73

注：1. 容许挠度：L/240。
2. 假定设计荷载：屋顶静荷载为 0.575kN/m²，阁楼活载为 0.479kN/m²。
3. 建筑宽度是指被敞墙立柱支撑的框架构件水平方向的宽度。
4. 外承载墙内侧为最小 11mm 的 OSB 板或胶合板。内部承载墙双面均为最小 12mm 的石膏板，钢柱壁厚度不小于 0.84mm。

表 5-3-9

只支撑屋顶及顶棚的 3.048m 的墙立柱的设计厚度（二层建筑中的首层，钢号 Q235）

风速		构件名称	构件间距 (mm)	立柱厚度 (mm) 建筑宽度 (m)																	
风向 A/B (km/hr)	风向 C (km/hr)			7.3 雪载 (kN/m²)				8.5 雪载 (kN/m²)				9.8 雪载 (kN/m²)				11.0 雪载 (kN/m²)					
				0.96	1.44	2.40	3.35	0.96	1.44	2.40	3.35	0.96	1.44	2.40	3.35	0.96	1.44	2.40	3.35		
112.7	112.7	89C	406	0.84	0.84	0.84	0.84	0.84	0.84	0.84	1.09	0.84	0.84	1.09	1.09	0.84	1.09	1.09	1.09		
			610	1.37	1.37	1.37	1.37	1.37	1.37	1.37	1.73	1.37	1.37	1.37	1.73	1.37	1.37	1.73	1.73		
		140C	406	0.84	0.84	0.84	0.84	0.84	0.84	0.84	0.84	0.84	0.84	0.84	0.84	0.84	0.84	0.84	0.84		
			610	0.84	0.84	0.84	0.84	0.84	0.84	0.84	1.09	0.84	0.84	1.09	1.09	0.84	1.09	1.09	1.37		
128.8	112.7	89C	406	1.09	1.09	1.09	1.09	1.09	1.09	1.09	1.09	1.09	1.09	1.09	1.09	1.09	1.09	1.09	1.37		
			610	1.37	1.37	1.73	1.73	1.73	1.73	1.73	1.73	1.73	1.73	1.73	1.73	1.73	1.73	1.73	2.46		
		140C	406	0.84	0.84	0.84	0.84	0.84	0.84	0.84	0.84	0.84	0.84	0.84	0.84	0.84	0.84	0.84	0.84		
			610	0.84	0.84	0.84	0.84	0.84	1.09	1.09	1.09	1.09	1.09	1.09	1.09	1.09	1.09	1.09	1.37		
144.9	128.8	89C	406	1.09	1.09	1.09	1.09	1.37	1.37	1.37	1.37	1.37	1.37	1.37	1.37	1.37	1.37	1.37	1.37		
			610	1.73	1.73	1.73	1.73	2.46	2.46	2.46	2.46	2.46	2.46	2.46	2.46	2.46	2.46	2.46	2.46		
		140C	406	0.84	0.84	0.84	0.84	0.84	0.84	0.84	0.84	0.84	0.84	0.84	0.84	0.84	0.84	0.84	0.84		
			610	1.09	1.09	1.09	1.09	1.37	1.37	1.37	1.37	1.37	1.37	1.37	1.37	1.37	1.37	1.37	1.37		
161	144.9	89C	406	1.37	1.37	1.37	1.37	1.37	1.37	1.37	1.37	1.37	1.37	1.37	1.37	1.37	1.37	1.37	1.37		
			610	2.46	2.46	2.46	2.46	2.46	2.46	2.46	2.46	2.46	2.46	2.46	2.46	2.46	2.46	2.46	2.46		
		140C	406	0.84	0.84	0.84	0.84	1.09	1.09	1.09	1.09	1.09	1.09	1.09	1.09	1.09	1.09	1.09	1.09		
			610	1.09	1.09	1.09	1.09	1.37	1.37	1.37	1.37	1.37	1.37	1.37	1.37	1.37	1.37	1.37	1.37		
177.1	161	89C	406	1.73	1.73	1.73	1.73	1.73	1.73	1.73	1.73	1.73	1.73	1.73	1.73	1.73	1.73	1.73	1.73		
			610	—	—	—	—	—	—	—	—	—	—	—	—	—	—	—	—		
		140C	406	1.09	1.09	1.09	1.09	1.09	1.09	1.09	1.09	1.09	1.09	1.09	1.09	1.09	1.09	1.09	1.09		
			610	1.73	1.73	1.73	1.73	1.73	1.73	1.73	1.73	1.73	1.73	1.73	1.73	1.73	1.73	1.73	1.73		
	171.1	89C	406	—	—	—	—	—	—	—	—	—	—	—	—	—	—	—	—		
			610	—	—	—	—	—	—	—	—	—	—	—	—	—	—	—	—		
		140C	406	1.37	1.37	1.37	1.37	1.37	1.37	1.37	1.37	1.37	1.37	1.37	1.37	1.37	1.37	1.37	1.37		
			610	2.46	2.46	2.46	2.46	2.46	2.46	2.46	2.46	2.46	2.46	2.46	2.46	2.46	2.46	2.46	2.46		

注：1. 容许挠度：L/240。
2. 假定设计荷载：二层楼层静荷载为 0.479kN/m²，阁楼活载为 0.479kN/m²，屋顶静荷载为 0.575kN/m²，二层地面活载为 1.44kN/m²。
3. 建筑宽度是指承载立柱支撑构件水平方向的宽度。
4. 外承载墙内侧为最小 12mm 的石膏墙板，外侧为 11mm 的 OSB 板或胶合板。内部承载墙双面均为最小 12mm 的石膏墙板，钢立柱壁板的厚度不小于 0.84mm。
5. 载荷为 1.92kN/m² 活载的第二层楼板，应从较高的雪载列中选取立柱尺寸。

都通过计算得出尺寸,这就使得结构设计变得更加简捷。值得说明的是,《冷弯型钢结构住宅技术手册》的法律地位不等同于我国的技术规范,其中相当一些技术要求是建议而不是强求,美国各州因地制宜的设计并不鲜见。这里举例介绍几种构件许用条件的表格,供了解查表求得构件尺寸的方法。表格按MST体系的企业施工手册标注的方法给出。《冷弯型钢结构住宅技术手册》("Prescriptive Method For Residential Cold-Formed Steel Framing", Year 2000 Edition)中有详尽的各种构件的表格,可以参考查阅。

1. 墙立柱的设计厚度

墙立柱的设计厚度,见表 5-3-4 和表 5-3-9。

2. 楼板托梁的允许跨度

楼板托梁的允许跨度,见表 5-3-10 ~ 表 5-3-13。

楼板托梁的允许跨度(带腹板支肋、单跨)　　　　表 5-3-10

托梁名称	1.44kN/m² 活载间距 (mm)				1.91kN/m² 活载间距 (mm)			
	305 (mm)	406 (mm)	488 (mm)	610 (mm)	305 (mm)	406 (mm)	488 (mm)	610 (mm)
140C-84	3531	3226	3023	2769	3226	2921	2743	2464
140C-109	3861	3505	3302	3048	3505	3175	2997	2769
140C-137	4140	3759	3531	3277	3759	3404	3200	2972
140C-173	4445	4039	3785	3505	4039	3658	3454	3200
140C-246	4928	4496	4216	3912	4496	4064	3835	3556
203C-84	4775	4089	3734	3353	4267	3658	3353	2794
203C-109	5207	4724	4445	4140	4724	4293	4039	3734
203C-137	5588	5080	4801	4445	5080	4623	4343	4039
203C-173	5994	5461	5131	4750	5461	4953	4674	4318
203C-246	6706	6096	5740	5309	6096	5537	5207	4826
254C-109	6248	5690	5182	4648	5690	5080	4648	4140
254C-137	6731	6121	5740	5334	6121	5563	5232	4851
254C-172	7214	6553	6172	5740	6553	5969	5613	5207
254C-246	8077	7341	6909	6401	7341	6655	6274	5817
305C-109	7137	6172	5639	5055	6375	5537	5055	4064
305C-137	7849	7112	7214	5969	7112	6477	6553	5334
305C-172	8433	7645	7214	6680	7645	6960	6553	6071
305C-246	9423	8560	8052	7468	8560	7772	7315	6782

注:1. 上表所提供的最大净跨距的单位为 mm。

2. 承重支撑肋将被安装在所有的支撑点及集中荷载处。

3. 容许挠度:活载为 L/480;总载为 L/240。

4. 楼层静载 = 0.479kN/m²

楼板托梁的允许跨度（带腹板支肋、多跨）(mm)   表 5-3-11

托梁名称	1.44kN/m² 活载间距				1.91kN/m² 活载间距			
	305	406	488	610	305	406	488	610
140C-84	3912	3404	3099	2769	3505	3023	2769	2413
140C-109	4775	4115	3759	3353	4267	3683	3353	2997
140C-137	5359	4648	4242	3785	4801	4166	3785	3404
140C-173	5944	5232	4775	4267	5385	4674	4267	3810
140C-246	6629	6020	5664	5080	6020	5461	5131	4572
203C-84	4394	3556	3099	2616	3734	2997	2616	2184
203C-109	5918	5080	4674	3810	5309	4343	4191	3251
203C-137	7010	6071	5537	4953	6248	5410	4953	4420
203C-173	7874	6833	6223	5563	7137	6096	5563	4978
203C-97	8992	8179	7518	6706	8179	7366	6706	5994
254C-109	6553	5461	4801	4089	5715	4674	4089	3454
254C-137	7772	6731	6147	5486	6960	6020	5486	4724
254C-173	9296	8052	7366	6579	8331	7214	5613	5867
254C-246	10820	9728	8865	7925	9830	8687	7925	7087
305C-109	6502	5258	4597	3861	5537	4445	3861	3226
305C-137	8433	7239	6655	5436	7544	6189	5842	4623
305C-173	9931	8611	7849	7010	8890	7696	7036	6274
305C-246	12573	11176	10211	9144	11481	10008	9144	8179

注：1. 表以 mm 为单位，提供的最大净跨距为内部支撑柱的两边中的任一跨距。
2. 为支撑多跨搁栅的承重结构应由承重墙或梁组成。
3. 支撑肋安装在所有的支撑点和集中荷载处。
4. 容许挠度：活载为 L/480；总载为 L/240。
5. 楼层静载 = 0.479kN/m²。
6. 内部支撑应位于对中跨度内侧 610mm 范围之内，条件是每一实际跨距不能超过表内相对最大跨距。

楼板托梁的允许跨度（无腹板支肋、多跨）(mm)   表 5-3-12

托梁名称	1.44kN/m² 活载间距				1.91kN/m² 活载间距			
	305	406	488	610	305	406	488	610
140C-84	2515	2007	1727	1422	2108	1676	1422	1168
140C-109	3556	2870	2489	2083	3023	2413	2083	1753
140C-137	4470	3658	3226	2743	3835	3124	2743	2311
140C-173	5588	4648	4115	3531	4826	3988	3531	3023
140C-246	6629	6020	5664	4953	6020	5461	4953	4293
203C-84	N/A	N/A	N/A	N/A	N/A	N/A	N/A	N/A

续表

托梁名称	1.44kN/m² 活载间距				1.91kN/m² 活载间距			
	305	406	488	610	305	406	488	610
203C-109	3759	2997	2565	2134	3150	2489	2134	1753
203C-137	5105	4115	3556	2997	4318	3454	2997	2489
203C-173	6579	5385	4724	4013	5639	4597	4013	3404
203C-246	8992	7747	6883	5969	8052	6706	5969	5131
254C-109	N/A	N/A	N/A	N/A	N/A	N/A	N/A	N/A
254C-137	5156	4115	3556	2946	4343	3429	2946	2438
254C-173	7137	5791	5029	4242	6071	4877	4242	3556
254C-246	10414	8636	7671	6579	9017	7468	6579	5639
305C-109	N/A	N/A	N/A	N/A	N/A	N/A	N/A	N/A
305C-137	N/A	N/A	N/A	N/A	N/A	N/A	N/A	N/A
305C-173	7239	5817	5055	4242	6121	4902	4242	3531
305C-246	11379	9398	8280	7087	9804	7747	7087	6020

注：1．表以 mm 为单位，提供的最大净跨距为内部支撑柱的两边中的任一跨距。

2．为支撑多跨搁栅的承重结构应由承重墙或梁组成。

3．容许挠度：活载为 L/480；总载为 L/240。

4．楼层静载 = 0.479kN/m²。

5．内部支撑应位于对中跨度内侧 610mm 范围之内，条件是每一实际跨距不能超过表内相对最大跨距。

冷弯型钢结构楼层托梁的允许跨度（无腹板支肋的单跨）(mm)　　表 5-3-13

托梁名称	1.44kN/m² 活载间距				1.91kN/m² 活载间距			
	305	406	488	610	305	406	488	610
140C-84	2489	1880	1549	1245	1981	1499	1245	991
140C-109	3861	3505	3302	2413	3505	2921	2413	1930
140C-137	4140	3759	3277	3531	3759	3404	3200	2972
140C-173	4445	4039	3785	3505	4039	3658	3454	3200
140C-246	4928	4496	4216	3912	4496	4064	3835	3556
203C-84	N/A	N/A	N/A	N/A	N/A	N/A	N/A	N/A
203C-109	4216	3175	2642	2108	3378	2540	2108	1676
203C-137	5588	5080	4470	3556	5080	4470	3708	2972
203C-173	5994	5461	5131	4750	5461	4953	4674	4318
203C-246	6706	6096	5740	5309	6096	5537	5207	4826
254C-109	N/A	N/A	N/A	N/A	N/A	N/A	N/A	N/A
254C-137	6528	4902	4064	3251	5207	3912	3251	2591
254C-173	7239	6553	6172	5588	6553	5969	5613	4470

续表

托梁名称	1.44kN/m² 活载间距				1.91kN/m² 活载间距			
	305	406	488	610	305	406	488	610
254C-246	8077	7341	6909	6401	7341	6655	6274	5817
305C-109	N/A	N/A	N/A	N/A	N/A	N/A	N/A	N/A
305C-137	N/A	N/A	N/A	N/A	N/A	N/A	N/A	N/A
305C-173	8433	7645	6502	5207	7645	6248	5207	4166
305C-246	9423	8560	8052	7468	8560	7772	7315	6782

注：1. 上表所提供的最大净跨距的单位为 mm。
　　2. 容许挠度：活载为 L/480；总载为 L/240。
　　3. 楼层静载 = 0.479kN/m²。

3. 窗户过梁的允许跨度

窗户过梁的允许跨度，见表 5-3-14～表 5-3-19。图 5-3-66 为示意图。

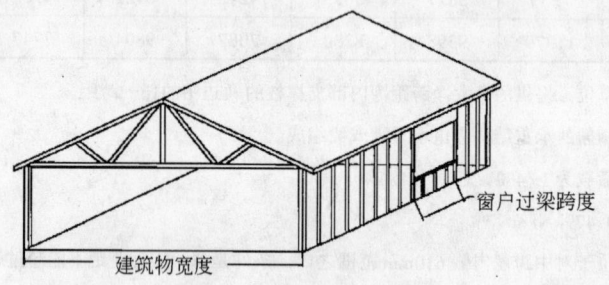

图 5-3-66

只支撑屋顶和顶棚的窗户过梁的允许跨度（钢号 Q235）　　表 5-3-14

构件名称	0.96kN/m² 地面雪荷载的间距（mm）				1.44kN/m² 地面雪荷载的间距（mm）			
	建筑物宽度（m）				建筑物宽度（m）			
	7	9	10	11	7	9	10	11
2-89C-84	1194	1118	1041	991	1118	1041	965	864
2-89C-109	1448	1346	1270	1219	1346	1270	1194	1143
2-89C-137	1626	1524	1448	1372	1524	1422	1346	1270
2-89C-173	1829	1702	1600	1524	1702	1600	1499	1422
2-89C-246	2159	2032	1905	1803	2032	1880	1778	1702
2-140C-84	1194	1041	914	838	1041	914	813	737
2-140C-109	1956	1829	1727	1651	1829	1727	1626	1524
2-140C-137	2210	2083	1956	1854	2057	1930	1829	1727
2-140C-173	2489	2337	2184	2083	2311	2184	2057	1930
2-140C-246	2972	2769	2616	2489	2769	2591	2438	2311
2-203C-84	914	813	711	635	787	686	—	—

续表

构件名称	0.96kN/m² 地面雪荷载的间距（mm）				1.44kN/m² 地面雪荷载的间距（mm）			
	建筑物宽度（m）				建筑物宽度（m）			
	7	9	10	11	7	9	10	11
2-203C-109	2032	1778	1575	1422	1778	1549	1372	1245
2-203C-137	2896	2692	2540	2413	2692	2515	2362	2261
2-203C-173	3251	3048	2870	2718	3023	2845	2667	2540
2-203C-246	3912	3632	3429	3251	3632	3404	3200	3048
2-254C-109	1702	1473	1321	1194	1473	1295	1143	1041
2-254C-137	3200	2946	2616	2362	2946	2565	2286	2057
2-254C-173	3835	3581	3378	3200	3581	3353	3150	2997
2-254C-246	4623	4318	4064	3861	4293	4013	3785	3607
2-305C-109	1448	1270	1118	1016	1270	1118	991	889
2-305C-137	2896	2515	2235	2007	2515	2210	1956	1753
2-305C-173	4089	3835	3607	3429	3810	3581	3378	3200
2-305C-246	5309	4953	4674	4445	4953	4623	4369	4140

注：1. 容许挠度：活载为 L/360，总载为 L/240。

2. 设计荷载假定：顶棚静荷载为 0.24kN/m²，阁楼活载为 0.479kN/m²，屋顶静荷载为 0.335kN/m²。

3. 建筑物宽度与窗户过梁的支撑框架构件相平行。

只支撑屋顶和顶棚的窗户过梁的允许跨度（钢号 Q235）　　表 5-3-15

构件名称	2.4kN/m² 地面雪荷载的间距（mm）				3.35kN/m² 地面雪荷载的间距（mm）			
	建筑物宽度（m）				建筑物宽度（m）			
	7	9	10	11	7	9	10	11
2-89C-84	914	787	711	635	711	635	—	—
2-89C-109	1168	1092	1016	965	1041	965	914	838
2-89C-137	1295	1219	1143	1092	1168	1092	1016	965
2-89C-173	1473	1372	1295	1219	1295	1219	1143	1092
2-89C-246	1727	1626	1524	1448	1549	1448	1346	1295
2-140C-84	762	660	—	—	—	—	—	—
2-140C-109	1575	1473	1321	1194	1346	1168	1041	940
2-140C-137	1778	1651	1549	1473	1575	1473	1397	1321
2-140C-173	1981	1854	1753	1676	1778	1651	1549	1473
2-140C-246	2388	2210	2083	1956	2108	1981	1854	1753
2-203C-84	—	—	—	—	—	—	—	—
2-203C-109	1295	1143	1016	914	1016	889	787	711
2-203C-137	2311	2159	2007	1803	2057	1778	1600	1422
2-203C-173	2591	2438	2286	2184	2311	2159	2032	1930

续表

构件名称	2.4kN/m² 地面雪荷载的间距（mm）				3.35kN/m² 地面雪荷载的间距（mm）			
	建筑物宽度（m）				建筑物宽度（m）			
	7	9	10	11	7	9	10	11
2-203C-246	3124	2921	2743	2616	2769	2591	2438	2311
2-254C-109	1092	940	838	762	864	762	660	—
2-254C-137	2159	1880	1676	1499	1702	1499	1321	1194
2-254C-173	3073	2870	2692	2565	2718	2540	2413	2286
2-254C-246	3683	3454	3251	3327	3277	3073	2896	2743
2-305C-109	940	813	711	660	737	635	—	—
2-305C-137	1854	1626	1448	1295	1473	1270	1143	1016
2-305C-173	3277	3073	2896	2591	2921	2565	2286	2057
2-305C-246	4242	3962	3734	3556	3785	3531	3327	3150

注：1. 容许挠度：活载为 L/360；总载为 L/240。
2. 设计荷载假定：顶棚静荷载为 0.24kN/m²，阁楼活载为 0.479kN/m²，屋顶静荷载为 0.335kN/m²。
3. 建筑物宽度与窗户过梁的支撑框架构件相平行。

支撑楼层、屋顶和顶棚的窗户过梁的允许跨度（钢号 Q235）　　表 5-3-16

构件名称	0.96kN/m² 地面雪荷载的间距（mm）				1.44kN/m² 地面雪荷载的间距（mm）			
	建筑物宽度（m）				建筑物宽度（m）			
	7	9	10	11	7	9	10	11
2-89C-84	686	—	—	—	660	—	—	—
2-89C-109	1016	940	889	838	991	940	889	813
2-89C-137	1143	1067	1016	965	1118	1067	991	940
2-89C-173	1270	1194	1143	1067	1245	1219	1118	1067
2-89C-246	1499	1422	1346	1270	1499	1397	1321	1270
2-140C-84	—	—	—	—	—	—	—	—
2-140C-109	1270	1143	1016	914	1245	1118	991	914
2-140C-137	1549	1448	1372	1295	1524	1422	1346	1295
2-140C-173	1727	1626	1549	1473	1702	1600	1524	1448
2-140C-246	2057	1930	1829	1753	2032	1930	1829	1727
2-203C-84	—	—	—	—	—	—	—	—
2-203C-109	991	864	787	711	965	838	762	686
2-203C-137	1956	1727	1549	1397	1905	1702	1524	1372
2-203C-173	2261	2134	2007	1930	2235	2108	1981	1905
2-203C-246	2718	2540	2413	2311	2667	2515	2388	2261
2-254C-109	813	737	660	610	813	711	635	610
2-254C-137	1626	1448	1295	1168	1600	1422	1270	1143

续表

构件名称	0.96kN/m² 地面雪荷载的间距（mm）				1.44kN/m² 地面雪荷载的间距（mm）			
	建筑物宽度（m）				建筑物宽度（m）			
	7	9	10	11	7	9	10	11
2-254C-173	2667	2515	2388	2261	2642	2489	2337	2235
2-254C-246	3200	3023	2845	2718	3175	2972	2819	2692
2-305C-109	711	635	—	—	686	—	—	—
2-305C-137	1397	1245	1118	1016	1372	1219	1092	991
2-305C-173	2819	2489	2235	2032	2743	2438	2184	1981
2-305C-246	3683	3480	3277	3124	3658	3429	3251	3099

注：1. 容许挠度：活载为 L/360，总载为 L/240。
2. 设计荷载假定：二层楼层静荷载为 0.479kN/m²，阁楼活载为 0.479kN/m²，屋顶静荷载为 0.335kN/m²，二层地面活载为 1.44kN/m²，顶棚静荷载为 0.24kN/m²，二层楼层墙静荷载为 0.479kN/m²。
3. 建筑物宽度与窗户过梁的支撑框架构件相平行。

支撑楼层、屋顶和顶棚的窗户过梁的允许跨度（钢号 Q235） 表 5-3-17

构件名称	2.4kN/m² 地面雪荷载的间距（mm）				3.35kN/m² 地面雪荷载的间距（mm）			
	建筑物宽度（m）				建筑物宽度（m）			
	7	9	10	11	7	9	10	11
2-89C-84	—	—	—	—	—	—	—	—
2-89C-109	940	889	813	737	864	762	686	635
2-89C-137	1067	991	940	914	991	914	864	838
2-89C-173	1194	1118	1067	1016	1092	1041	965	940
2-89C-246	1422	1321	1270	1194	1295	1219	1168	1092
2-140C-84	—	—	—	—	—	—	—	—
2-140C-109	1118	991	889	813	965	838	762	686
2-140C-137	1448	1372	1295	1219	1321	1245	1194	1118
2-140C-173	1626	1524	1448	1372	1499	1397	1321	1270
2-140C-246	1930	1829	1727	1651	1778	1676	1600	1499
2-203C-84	—	—	—	—	—	—	—	—
2-203C-109	864	762	686	—	737	660	—	—
2-203C-137	1727	1524	1372	1245	1473	1295	1168	1041
2-203C-173	2134	2007	1880	1803	1956	1829	1727	1651
2-203C-246	2540	2388	2261	2159	2337	2210	2083	1981
2-254C-109	711	635	—	—	—	—	—	—
2-254C-137	1448	1270	1143	1041	1219	1067	965	864
2-254C-173	2515	2362	2235	2083	2311	2159	1956	1753
2-254C-246	2997	2819	2667	2540	2769	2616	2464	2337

续表

构件名称	2.4kN/m² 地面雪荷载的间距（mm）				3.35kN/m² 地面雪荷载的间距（mm）			
	建筑物宽度（m）				建筑物宽度（m）			
	7	9	10	11	7	9	10	11
2-305C-109	—	—	—	—	—	—	—	—
2-305C-137	1219	1092	965	889	1041	914	838	737
2-305C-173	2489	2184	1956	1778	2108	1854	1676	1499
2-305C-246	3454	3251	3073	2946	3200	2743	2845	2692

注：1. 容许挠度：活载为 L/360，总载为 L/240。
    2. 设计荷载假定：二层楼层静荷载为 0.479kN/m²，阁楼活载为 0.479kN/m²，屋顶静荷载为 0.335kN/m²，二层地面活载为 1.44kN/m²，顶棚静荷载为 0.24kN/m²，二层楼层墙静荷载为 0.479kN/m²。
    3. 建筑物宽度与窗户过梁的支撑框架构件相平行。

支撑楼板、屋顶和顶棚的窗户过梁的允许跨度

（带中间荷载支撑梁二层建筑的首层、钢号 Q235）　　　　表 5-3-18

构件名称	0.96kN/m² 地面雪荷载的间距（mm）				1.44kN/m² 地面雪荷载的间距（mm）			
	建筑物宽度（m）				建筑物宽度（m）			
	7	9	10	11	7	9	10	11
2-89C-84	864	762	686	—	787	686	—	—
2-89C-109	1143	1067	1016	965	1092	1016	965	914
2-89C-137	1270	1219	1143	1092	1219	1143	1092	1041
2-89C-173	1422	1346	1270	1219	1372	1270	1219	1168
2-89C-246	1676	1600	1524	1448	1600	1524	1448	1372
2-140C-84	737	660	—	—	660	—	—	—
2-140C-109	1067	1549	1448	1295	1473	1295	1168	1067
2-140C-137	1727	1626	1549	1473	1651	1549	1473	1397
2-140C-173	1956	1829	1753	1676	1854	1753	1651	1575
2-140C-246	2337	2184	2083	1981	2210	2083	1981	1880
2-203C-84	—	—	—	—	—	—	—	—
2-203C-109	1270	1118	991	914	1118	991	889	813
2-203C-137	2261	2134	1067	1829	2159	1981	1778	1626
2-203C-173	2540	2413	2286	2159	2413	2286	2159	2057
2-203C-246	3048	2972	2743	2591	2896	2743	2591	2464
2-254C-109	1041	914	838	762	940	838	762	686
2-254C-137	2083	1829	1676	1524	1880	1651	1499	1346
2-254C-173	2997	2845	2692	2565	2845	2692	2540	2438
2-254C-246	3607	3404	3226	3073	3429	3226	3073	2921
2-305C-109	889	787	711	635	813	711	—	—

续表

构件名称	0.96kN/m² 地面雪荷载的间距（mm）				1.44kN/m² 地面雪荷载的间距（mm）			
	建筑物宽度（m）				建筑物宽度（m）			
	7	9	10	11	7	9	10	11
2-305C-137	1778	1575	1422	1295	1600	1422	1270	1168
2-305C-173	3200	3048	2870	2591	3048	2870	2565	2337
2-305C-246	4166	3912	3708	3556	3962	3708	3531	3378

注：1. 容许挠度：活载为 L/360，总载为 L/240。
  2. 设计荷载假定：二层楼层静荷载为 0.479kN/m²，阁楼活载为 0.479kN/m²，屋顶静荷载为 0.335kN/m²，二层地面活载为 1.44kN/m²，顶棚静荷载为 0.24kN/m²，二层楼层墙静荷载为 0.479kN/m²。
  3. 建筑物宽度与窗户过梁的支撑框架构件相平行。

支撑楼层、屋顶和顶棚的窗户过梁的允许跨度

（带中间荷载支撑梁二层建筑的首层、钢号 Q235） 表 5-3-19

构件名称	2.4kN/m² 地面雪荷载的间距（mm）				3.35kN/m² 地面雪荷载的间距（mm）			
	建筑物宽度（m）				建筑物宽度（m）			
	7	9	10	11	7	9	10	11
2-89C-84	660	—	—	—	—	—	—	—
2-89C-109	991	940	889	813	914	838	762	686
2-89C-137	1118	1041	991	940	1041	965	914	864
2-89C-173	1245	1168	1118	1067	1143	1092	1016	965
2-89C-246	1473	1397	1321	1245	1372	1295	1219	1168
2-140C-84	—	—	—	—	—	—	—	—
2-140C-109	1219	1092	965	889	1041	940	838	762
2-140C-137	1499	1422	1346	1270	1397	1321	1245	1194
2-140C-173	1702	1600	1499	1448	1575	1473	1397	1321
2-140C-246	2032	1905	1803	1702	1880	1753	1676	1575
2-203C-84	—	—	—	—	—	—	—	—
2-203C-109	940	838	737	686	813	711	—	—
2-203C-137	1880	1651	1499	1346	1600	1422	1270	1143
2-203C-173	2210	2083	1981	1880	2057	1930	1829	1727
2-203C-246	2642	2489	2362	2261	2464	2311	2184	2083
2-254C-109	787	686	635	—	686	—	—	—
2-254C-137	1549	1372	1245	1118	1346	1194	1067	965
2-254C-173	2616	2464	2337	2210	2413	2286	2134	1930
2-254C-246	3124	2946	2794	2667	2896	2743	2591	2464
2-305C-109	686	—	—	—	—	—	—	—
2-305C-137	1346	1194	1067	965	1143	1016	914	813

续表

构件名称	2.4kN/m² 地面雪荷载的间距（mm）				3.35kN/m² 地面雪荷载的间距（mm）			
	建筑物宽度（m）				建筑物宽度（m）			
	7	9	10	11	7	9	10	11
2-305C-173	2692	2388	2134	1930	2311	2057	1829	1651
2-305C-246	3607	3404	3226	3073	3353	3150	2972	2845

注：1. 容许挠度：活载为 L/360，总载为 L/240。

2. 假定设计荷载：二层楼层静荷载为 0.479kN/m²，阁楼活载为 0.479kN/m²，屋顶静荷载为 0.335kN/m²，二层地面活载为 1.44kN/m²，顶棚静荷载为 0.24kN/m²，二层楼层墙静荷载为 0.479kN/m²。

3. 建筑物宽度与窗户过梁的支撑框架构件相平行。

5.4 低层轻钢龙骨结构住宅体系的设备选用设计

现代家居生活离不开现代化的设备，住宅建筑在舒适度设计方面以享受与适用为原则，别墅建筑更为如此，一幢别墅的标准配套设备包括：户式中央空调；中央热水器；中央吸尘器；净水器；厨房炊具与卫生间洁具；垃圾粉碎机；壁炉；全自动车库门；防火防盗报警系统等。

1. 户式中央空调

别墅建筑采用现代流行的户式中央空调器，供热方式是通过室外热泵机组产生的能源介质经过室内热交换机组释放能量，将冷、热风送进风管，从天花板或楼地板的出风口送风。

这里以北京某别墅住宅区 T1 户型中央空调设计为例，说明其设计方法。设计依据是暖通设计规范中有关北京地区室外设计温度等规定，参考《采暖通风与空气调节设计规范》（GBJ 19—87）以及《民用建筑采暖通风设计技术措施》、《实用供热空调设计手册》，进行工程冷热负荷计算。该别墅住宅区位于北京西郊，冬季气温偏低，这是需要特别考虑的。具体设计参数如下：

（1）夏季室外设计温度　　干球 33.2℃

　　　　　　　　　　　　湿球 26.4℃

（2）冬季室外设计温度　　干球 -9℃

　　　　　　　　　　　　室外相对湿度 54%

（3）夏季室内设计温度　　24～26℃

（4）冬季室内设计温度　　20～22℃

（5）T1 户型总建筑面积 239m²，使用面积 220m²。

负荷计算采用面积热指标法，根据上述规范及城市建筑节能标准：

空调冷负荷指标 = 60W/m²

空调热负荷指标 = 80W/m²

冷热负荷计算结果：

配置空调冷负荷 = 15.2kW

配置空调热负荷 = 17.6kW

由于轻钢龙骨住宅建筑的围护结构设计得十分出色，保温隔热效果非常理想，所以在具体选用设备时，不必再考虑更多的储备余量。根据这些计算结果，最后选用美国某原装热泵式中央空调、全空气风道式送风系统机组。由室外风冷机组 CPKF60—5、室内 5 冷吨机组 A60—00—2（R）及辅助电加热装置组成。

该机组制冷量为 15.4kW，供热量为 10.5kW。为补偿冬季供热的不足，另配装 10kW 的辅助电加热器一台。同时，考虑到北京地区冬季异常干燥，为了提高居住环境的舒适度，配置一台 65L 加湿机，与户式中央空调机组配套安装。设备最终达到的技术指标为：

户型冷负荷指标 = 15.4kW

户型热负荷指标 = 20.5kW

加湿量 = 65L

在楼层搁栅中空行的空调管路实景照片如图 5-4-1 所示。

图 5-4-1 在楼层搁栅中空行的空调管路

2．中央吸尘器

中央吸尘器机组安装在设备间或车库内，它由吸风电机和垃圾筒组成，可以安放在地面，也可以安装在车库墙上。吸风管道沿墙体内部钢结构构件开孔位置布置，连接房间或各区域踢脚板上方的吸风口。吸风口按 10m 服务半径布置，使用时打开吸风口盖板，插入吸尘软管，吸风电机即自动启动，完全没有普通吸尘器噪声大、异味重、拖带不便等弊病。更不会把含有细微灰尘的废气排在室内，彻底杜绝了普通吸尘器存在的二次污染问题。

中央吸尘器的设计要符合《采暖通风与空气调节设计规范》（GBJ 19—87）及《民用建筑采暖通风设计技术措施》的要求。设计中央吸尘系统主要是计算建筑的吸尘容量和管道长度，以决定设备的功率。北京西山某别墅住宅区 T1 户型选用美国产原装 S2 型主机，主管道系统为 PVC—DN50，信号线管道采用 PVC—DN16，两条管道用呢绒绑扎带固定在一起减振，并暗埋于钢结构骨架的内部。

3. 供水系统

低层轻钢龙骨结构住宅建筑的供水系统包括冷水、热水和净水三个独立的设备体系和管线系统。净水系统分中央入户式和直供饮用式两种方式。如果采用中央入户式净水系统，则三个独立的供水系统由安装在设备间的配水架组合在一起，由冷、热、净三大通路分别按需分配。中央热水器提供全部生活用水。北京西郊某别墅住宅区的 T1 户型采用 260L 电加热中央热水器，可供 300m² 建筑使用。供水系统的管线全部在墙体内穿行，室内墙壁整洁干净。

5.5 低层轻钢龙骨结构住宅的装修设计

低层轻钢龙骨结构住宅的结构特殊性，决定了建筑、装修、设备不可分的性质，任何企图在建筑之后再另选设备安装或另行装修的尝试都会对建筑产品的质量造成不利的影响，这已经被国内外这种结构别墅建筑体系的经营经历所证实。所有的设备安装和厨、卫设施安装都必须对结构有充分了解才行，这说明必须有专业的工程师具体实施这些工作。

低层轻钢龙骨结构住宅在设计与建造方面既有标准化，又有个性化；业主既可以自行设计，也可以从世界各国销售商的户型库中选购。无论选中何种户型，业主完全可以自己设计装饰效果图，在结构工程进行之前，委托低层轻钢龙骨结构住宅的建筑专家组织装饰工程。

低层轻钢龙骨结构住宅建筑工程是在业主充分参与下的"交钥匙"工程，承建商交给业主的不是传统意义的"房子"，而已经是个性化的、"携细软可居"的一个完整、温馨、舒适的"家"。

5.6 低层轻钢龙骨结构住宅建筑的施工

低层轻钢龙骨结构建筑从结构设计到施工方法都有其特殊性，因此，在一个生产加工、构件存放、操作技法、安全保护等全过程的系统内，必须有严格的规范来制约。

5.6.1 低层轻钢龙骨结构建筑施工指南

（1）应遵守相应的职业安全、健康管理指南和安全要求。

（2）推荐使用工作手套（特别是薄手套），以保证在接触钢构件时不被割伤。

（3）在使用机具切断钢构件时使用耳防护措施，如戴耳机。

（4）在使用机具切断钢构件时或在高处紧固构件时戴安全帽与护目镜。

（5）切断镀锌钢板时会产生有害的气体危害身体的健康，刺激呼吸系统。所有的切断都应在通风良好的地方进行。

（6）雨天安装构件时要格外小心。钢构件很滑，如果失去控制会造成伤害。

（7）当手持电线或带电设备进行钢结构构件的安装时，要小心操作，钢构件容易导电造成伤害。

（8）钢托梁在未完全安装和做好支撑前，不能承载工人或其他载荷。为减少伤害，每一钢托梁都应在它直立时完全紧固。

（9）在无特殊设计时，U型龙骨构件一般不单独用于承载件。

（10）立柱、托梁、龙骨和其他钢构件都应处于很好的状况。变形、弯曲、撕裂或有其他损害的构件都应被更换。

（11）托梁、椽和桁架的支撑表面应是平齐的。

（12）应在墙、地板和屋顶框架施工时，做临时结构支撑，直到设计中的永久支撑安装完成。

（13）钢结构构件全部安装完成以后，要尽快做好围护结构，以减少钢构件在大气环境中过久地暴露。

5.6.2 镀锌钢板及型钢构件的保存与搬运

（1）钢卷应在干燥处贮藏。

（2）不到生产构件的时间，不要打开钢卷。

（3）在潮湿天气应对钢构件进行防护。

（4）钢构件不能在扭曲状态存放，也不能在平放时有重物压在上面。

（5）损坏的钢构件不能使用。

5.6.3 OSB结构板的进场要求与保管

（1）OSB板进入施工现场时，应注意检查产品面板上必须有的生产厂家的标识，如CSA、TECO或APA等，同时还应有质量保证或印章。

（2）按不同质量等级或用途分别存放，OSB板的质量等级及使用用途标识在产品标签上已有标明。

（3）OSB板的边和角在搬运过程中易受到损坏，必须小心操作以避免损坏。

（4）OSB板随湿度变化会引起含水量的波动，进而造成尺寸上的变化。制造商在产品生产过程中使用油漆或一种特别胶粘剂对面板边缘加以保护，但为保证产品的使用品质，在储存过程中，应避免使面板过潮。

（5）OSB板整捆包装应存于室内或者加上覆盖，要施以足够支撑以使面板平放。

（6）在施工现场，安排运抵时间时要使其尽量接近使用时间、要尽可能快地封闭结构。

（7）带有企口面板要注意企口的保护。

5.6.4 机具

低层轻钢龙骨结构住宅建筑的建造过程是构件的安装过程，选择合适的机具对于顺利的施工是非常必要的。在开始钢框架组装前，就应准备好合适的机具。

（1）切割与开孔机具：切割机、手提锯、步进式钻孔机、手电钻、开孔器、便携式水压剪、大力剪、冲击钻等。

（2）弯曲工具：压弯机等。

（3）紧固工具：螺钉电动枪、销钉枪、可调式扭矩/离合螺钉枪、可逆转螺钉枪等。

5.6.5 构件的现场加工与安装注意事项

（1）构件的切断、开槽和冲孔

翼缘和托梁的边缘、立柱、窗过梁、橡、平顶隔栅和其他结构构件不能切断或开槽。必须要在腹板上开孔的，开孔时应垫一块坚固的钢板。

（2）构件连接时的紧固

冷钢结构框架构件的紧固应使用不同的方式和技术。构件与构件之间的紧固最常见的方法是用螺钉连接。钻孔、攻丝是最普遍的紧固方式。其他紧固技术，像使用压缩空气驱动扣紧、推动扣紧、碾平、钉牢或焊接，必须批准后方可使用。

（3）对螺钉的要求

对于所有的连接，螺钉应最少穿出钢材三个螺纹。螺钉应穿透连接的各独立部件，没有导致部件之间长期分离的因素。螺钉应按照一定的方式安装，使螺纹和螺纹孔不被破坏。自攻螺钉表面有 $3\mu m$ 厚的镀锌层，不能使用镀锌层损坏的螺钉。

石膏板的安装最小用6号螺钉，应符合相应的建筑规则。

切断钢构件时会产生大量的热量，应防止损坏镀锌层。

连接构件时，使用紧固螺钉的工具转速为 $2500\gamma/min$。

在所有需要螺栓连接的地方，螺母与构件之间都应用垫圈。

5.6.6 结构柱的安装

（1）所有承重立柱，包括主要立柱和支撑立柱都应被安装在龙骨体系内，立柱顶端与沿顶、沿地龙骨腹板之间的最大间隙不能超过 0.3mm。

（2）在永久支撑安装之前应使用临时的墙体支撑和临时的结构支撑。

5.6.7 地板梁的安装

（1）遵照同轴安装。

（2）使用放样线、铅锤、水平尺等工具确保基础在开始安装之前是相对"准确"的。

（3）在没有设计时，U 型龙骨构件不能被用做单独承载。

（4）托梁的两个垂直面与支撑的两个垂直面必须保持在同一平面上。

（5）在永久支撑安装之前应使用临时的托梁支撑和结构支撑。

（6）所有支撑结构的每一部件都应被完全的安装和连接。

（7）腹板支肋应被安装在所有载荷集中的地方，一般都需要在支撑点上。

（8）腹板支肋允许安装在托梁工字钢的两面。

（9）在支撑和覆盖物安装之前地板托梁不能承载。

（10）结构重载物，如胶合板、石膏板、砖的堆放，在结构完成之前或没有适当的卸载途径时，不允许堆放在地板托梁上。

（11）工人应避免从没有支撑的地板上走过。

5.6.8 桁架安装

（1）地板或屋顶桁架应按设计施工。

（2）对尺寸和支撑的定位，应在开始安装桁架之前进行检验。

（3）临时结构支撑保留到安全限度或完成屋顶、地板之前。

（4）直到永久支撑完全安装时桁架在水平方向才能稳定，在此之前的安装过程中操作者应小心工作。

（5）在永久支撑和覆盖物安装之前，屋顶桁架不允许过载。

（6）对于一些必要的修改，如切断、钻孔或将一些桁架部件重置，如果没有桁架生产厂商的通知便不能进行。所有对桁架部件的修改、切断或钻孔，如果没有经过有资质的设计部门同意，是不能进行的。

（7）对建筑物的安全来说，桁架不能位于（或连接在）不固定的过梁、窗过梁、横梁或其他支撑结构的部件之上。

5.6.9 OSB 结构板的安装

（1）安装之前，按用途严格核对尺寸、厚度，并按面板标识确认售后服务跨距与支撑件的间距。

（2）采用恰当的紧固件类型，如果采用自攻自钻螺钉，应选择适当的螺钉长度及间距。

（3）所有木制品本身都具有吸湿性，因此 OSB 板会因气候条件吸收及散失潮气。与其他木制品一样，随着 OSB 板随湿度变化会引起含水量的波动，进而造成尺寸上的变化。在安装 OSB 板时，应在两块 OSB 板之间留出 2mm （1/8 英寸）的间距，以容纳线性膨胀引起的尺寸增量。

（4）OSB 板产品的边和角在施工过程中易受到损坏，因此必须小心操作以避免损坏。

5.6.10 管道系统的安装

（1）水管

水管安装应符合相应的规范。使用铜管时，应用非导电的套管或其他可行的方法将铜管与钢框架分开。通常由钢结构构件供应商提供塑料绝缘体和预打孔腹板孔中的套管材料清单。

水管固定需要用定位支架。

（2）电线管

当电线管穿过钢构件的孔时，要有卡式塑料绝缘体、套管或其他认可的电线保护方法。

电源箱与立柱构件连接时要采用安装托架。

安装电源插座时，不能在构件翼缘板上钻孔。

5.6.11 橱柜的安装

对橱柜的安装应有特殊考虑，可使用图 5-6-1 所示的方法安装。

（1）钢构件立柱之间采用木制垫块作梁，垫块应被开槽固定在立柱翼缘的末端上。

（2）用不小于 0.8mm 厚的平钢带拉住两根立柱，并用 2 颗螺钉进行紧固。

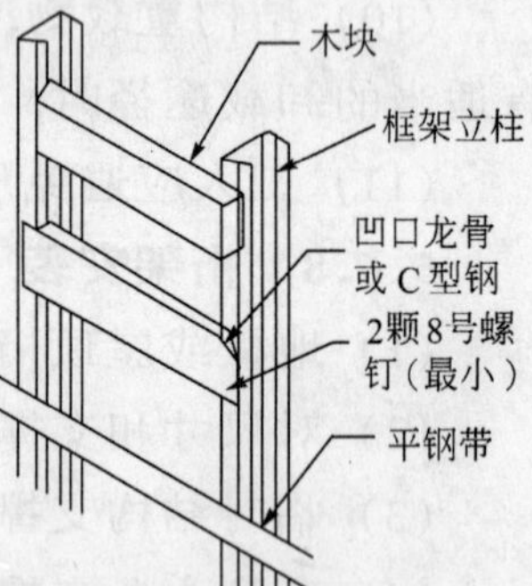

图 5-6-1　橱柜安装方法示例

5.6.12 防火与隔声材料安装事项

（1）防火板材

安装 ASA 或石膏板时首先检查材料品质是否可靠，安装和搬运时不能造成板材的破损，以防止火灾发生时板材爆裂降低防火效果。安装 ASA 的自攻自钻螺钉应带有胶垫，使用钉枪固定墙板时，以胶垫被压薄为判定紧固力大小的标准，胶垫一有变形就应立即停转，否则压力过大，墙板产生应力，遇火灾时墙板会开裂。

（2）控制噪声

吸声玻璃纤维要填实在楼板搁栅的空腔内。

在楼板与搁栅构件之间安装减振垫时，要将 OSB 板与金属构件完全隔开。减振垫要充分固定，不能移动。减振垫的头尾 3mm 内必须有螺钉。

水管要充分固定，并采用恰当的配件尺寸，以减少水管的噪声。

附录

关于印发《钢结构住宅建筑产业化技术导则》的通知

建科 [2001] 254 号

各省、自治区建设厅，直辖市建委（北京市规委、市政管委），计划单列市建委（深圳市建设局、规划国土局），副省级城市建委，新疆生产建设兵团建设局，部直属各单位：

为加强对我国钢结构住宅建设的管理，引导钢结构住宅建筑产业化的健康发展，现将《钢结构住宅建筑产业化技术导则》印发给你们，请结合实际情况，遵照执行。

中华人民共和国建设部（章）

二〇〇一年十二月十九日

钢结构住宅建筑产业化技术导则

1. 总 则

1.1 为规范和促进我国钢结构住宅建筑发展，探索适合我国国情的钢结构住宅产业化发展道路，按照完善建筑体系、提高整体功能的基本要求，总结我国钢结构住宅工程实践经验，依据国家产业政策，制定本《导则》。

1.2 本《导则》适用于12层以下（含12层）的钢结构住宅建筑的设计、施工及开发建设。12层以上钢结构住宅可参照执行。

1.3 本《导则》旨在以钢结构住宅建筑发展为契机，促进符合住宅产业政策、住房商品化发展方向且性能价格比合理、功能较为完善的钢结构住宅建筑体系的形成，提高我国住宅建筑产业化水平，满足市场多元化需求。

1.4 钢结构住宅建筑涉及建筑、冶金、建材及相关产业，是一项系统工程。钢结构住宅建筑体系的发展，将促进我国建筑钢材和其他建筑材料、设备等质量的提高和品种的更新，进一步提高我国住宅产业化水平。

1.5 钢结构住宅建筑具有重量轻、抗震性能好、施工周期短、工业化程度高、环保效果好等特点，符合我国国民经济可持续发展的要求。

1.6 国家鼓励钢结构住宅建筑科学技术研究。在开发建设中，新材料、新工艺及新技术经省级以上建设行政主管部门鉴定后，方可采用。

1.7 钢结构住宅建筑的研究开发、设计制作及施工安装应遵循国家相关政策与标准规范。

2. 建筑体系

2.1 设计原则

钢结构住宅建筑是工业化集成的最终产品，除应满足不同地区居住生活行为需求，在设计、制作、运输、安装、维修和管理等环节还应遵从协调、配合及互动的原则。

2.1.1 钢结构住宅建筑设计应充分体现标准化、定型化、多样化及通用化的原则。

2.1.2 钢结构住宅建筑及部品、零配件的设计应执行模数协调的原则。

2.1.3 钢结构住宅建筑设计应遵从建筑、结构、水、暖、电、气综合设计的原则。

2.2 平面布置

2.2.1 平面布置必须体现系列化原则，充分适应钢结构构件标准化设计、工厂化生产、通用化应用、多样化组合的特点。

2.2.2 柱网布置应满足规则性要求，宜以住宅单元或套型为单位实现模块化，以模块的平接、错接和对称凹（凸）接等多种拼接适应总平面布置的变化。

2.2.3 单元或套型模块设计要综合考虑柱、梁、楼板、外墙板、屋面板和隔墙板及设备、管线的优化选型，适应住宅个性化、多样化和可改性的需要。

模块采用小柱网时，宜结合楼板和管线设计；模块采用大柱网时，设施管道应集中设计为定型定位的管束，强、弱电线路可沿隔墙的空腔、踢脚、腰线、挂镜线及压顶线布置。

2.2.4 厨房、卫生间的位置宜靠近混凝土核心筒或混凝土剪力墙，避开钢结构承重构件，以利钢结构构件的防火、防腐处理。

2.2.5 厨房、卫生间应采取整体化设计，厨卫设备应符合模数协调原则。实行工厂预制成品、现场组装并为一次装修到位创造条件。

2.3 竖向设计

2.3.1 楼板构造的选型应综合考虑并满足受力、隔声和布管、布线等要求，竖向设计应考虑室内净高要求，合理确定层高。

2.3.2 宜利用楼板与吊顶之间的空间敷设水平管线，以利管线的维修、管理和更新。

2.4 围护结构

2.4.1 围护结构应与钢结构有可靠的连接和抗震延性，并应防止"热桥"。

2.4.2 墙体宜选用高强、轻质具有良好的隔热、保温、隔声、防水、防火、防裂和耐候等综合性能的板材、复合墙板或块材，还应有配套辅材、连接配件和施工机具等，以方便施工、保证质量。墙体外饰面应选用具有防水、抗裂、耐候和耐粘污的材料。

2.4.3 屋面宜选择高强、轻质且具有良好保温、隔热、防水、隔声、防火和防裂等综合性能的屋面。

2.5 隔墙

2.5.1 隔墙应与钢结构有可靠连接并具有抗震延性。

2.5.2 分户墙宜采用安全、防火和隔声的装配式墙体。

2.5.3 分室墙宜选用易拆型隔墙部品，该部品应能适应设施管线的布置与安装。

3. 结 构 体 系

3.1 结构选型和布置

3.1.1 结构体系应按照安全可靠、经济合理和施工方便等原则，结合建筑功能、建筑模块及建筑围护等要求合理选用。

可参照下列范围选用：

　　　　3层以下：框架体系，轻钢龙骨（冷弯薄壁型钢）体系；

　　　　4～6层：框架—支撑体系，钢框架—混凝土核心筒（剪力墙）体系；

　　　　7～12层：钢框架—混凝土核心筒（剪力墙）体系，钢—混凝土组合结构体系。

3.1.2 结构体系的层间位移应遵从相关规范的规定。

3.1.3 钢框架—混凝土核心筒体系的核心筒宜根据抗震设防烈度分别采取设置小钢柱、钢骨柱或采用型钢混凝土结构，增加延性，提高抗震性能，并方便施工。

3.1.4 钢框架—混凝土核心筒（剪力墙）体系宜避免采用钢框架与单片混凝土剪力墙组成的混合结构。

3.1.5 钢框架梁与核心筒宜采用铰接连接。

3.1.6 组合结构框架宜避免采用钢筋混凝土梁。

3.2 楼盖结构

3.2.1 楼盖结构可根据承载力、刚度、抗震设防和建筑功能等要求，选用压型钢板组合楼板、现浇混凝土组合楼板、混凝土叠合板组合楼板和预制混凝土板等。

3.2.2 组合楼板应按有关标准采用抗剪连接件与钢梁连接。叠合板及预制板应设预埋件与钢梁焊接，板缝宜按抗震构造埋设钢筋；混凝土叠合板的现浇层不宜小于5cm，界面应有可靠的结合；各种楼板均应与剪力墙或核心筒有可靠的传力连接。

3.3 钢材选用

3.3.1 应选用符合国家标准GB 700的Q235碳素结构钢或国家标准GB/T 1591的Q345高强度低合金结构钢，并应选用B级钢。

3.3.2 构件截面形式宜选用热轧H型钢、高频焊接H型钢、冷弯型钢（C形钢、Z形钢、方钢管和其他截面形式）和钢管混凝土等。

3.4 节点设计

3.4.1 节点的形式和构造应遵从标准化和通用化的原则。

3.4.2 框架结构梁与柱的连接，宜采用翼缘焊接腹板并用高强螺栓连接，或通过梁的悬臂段在现场进行梁的拼接。

3.4.3 有抗震设防要求的构件连接，除应根据《钢结构设计规范》按最不利荷载组合效应进行弹性设计，还应根据《建筑抗震设计规范》或《高层民用建筑钢结构技术规程》进行极限承载力计算。

4. 建筑设备

4.1 建筑设备的设计选用应符合我国有关标准规范的要求。各种设备与部件应实现工厂化生产，现场组装。

4.2 竖向管道应采取集中布置，设置在专用管道井或管道墙内，或采取工厂预制管束现场安装。

4.3 宜预留布线敷设空间以满足设置水平管线的要求。

4.4 卫生洁具排水应在本层解决，且应有严格的防水措施。

4.5 管线与设备的设计、施工和安装应充分考虑钢结构住宅建筑特点。

4.6 集中采暖系统应当使用双管系统，推行温度调节和户用热量计量装置，实行供热计量收费。

4.7 强、弱电线路综合布置宜与隔墙结构系统相结合。

4.8 利用钢结构等电位特性做自然接地体连接。

4.9 厨房、卫生间工厂化预制时应考虑排风装置。

5. 钢结构防护

5.1 钢结构的防火应根据设计要求采用喷涂防火涂料或其他有效外包覆防火措施。

5.2 采用钢管混凝土构件和耐火耐候钢应进行钢结构的抗火设计，并满足国家有关消防规范的要求。

5.3 防腐设计应根据环境和使用要求做好涂装设计。应综合考虑钢构件的基材种类、表面除锈等级、涂层结构、涂层厚度、涂装工艺、使用状况和预期耐蚀寿命等，提出合理的除锈方法和涂装方法，且除锈等级宜为 $Sa2\frac{1}{2}$ 级，轻钢龙骨（冷弯薄壁型钢）体系的构件应采用热浸镀锌钢板制作。

6. 工厂化生产与施工安装

6.1 加工制作

6.1.1 钢构件的加工制作应满足有关标准规范的要求。

6.1.2 钢结构用材应严格管理，下料前必须复检。

6.1.3 钢结构的现场连接宜采用高强螺栓，设计施工应满足有关规范的规定。

6.1.4 钢结构的焊接执行《建筑钢结构焊接规程》，必要时进行相关焊接工艺评定试验。

6.2 施工安装

6.2.1 施工单位应针对不同钢结构住宅建筑体系，结合工程特点编制施工组织设计，精心组织施工，有序供应物料，明确分包项目的起止点及交工条件。

6.2.2 钢结构的施工安装应执行《钢结构工程施工质量验收规范》。

7. 附　则

7.1 本《导则》由建设部科学技术司负责解释。

7.2 本《导则》如与国家发布的技术法规相抵触，按技术法规执行。

7.3 本《导则》自发布之日起施行。

参 考 文 献

1. 王铁成，陈志华，滕绍华，陈敖宜，周德玲．方钢管混凝土框架抗震试验研究．现代中高层结构住宅体系的研究论文集（天津市建委）．2002.5
2. 李忠献，张忠秀，师生．圆钢管混凝土框架抗震试验研究．现代中高层钢结构住宅体系的研究论文集（天津市建委）．2002.5
3. 王承春，李之铎，刘军，赵元祥．试点工程震动性能的试验与研究．现代中高层钢结构住宅体系的研究论文集（天津市建委）．2002.5
4. 钢管混凝土结构设计与施工规程（CECS28：90）
5. 钢骨混凝土结构设计规程（YB 9082—97）
6. 钢结构设计规范（GBJ 17—88）
7. 高层民用建筑钢结构技术规程》（JGJ 99—98）
8. 建筑抗震设计规范（GB 50011—2001）